宠物犬驯养手册
——与汪星人一同成长

[英] 卡洛琳·门蒂思
（Carolyn Menteith） 著　唐舒芳 译

机械工业出版社
CHINA MACHINE PRESS

目 录

1
你的新朋友

2
训 练

3

问题的解决与预防

4

来点乐趣

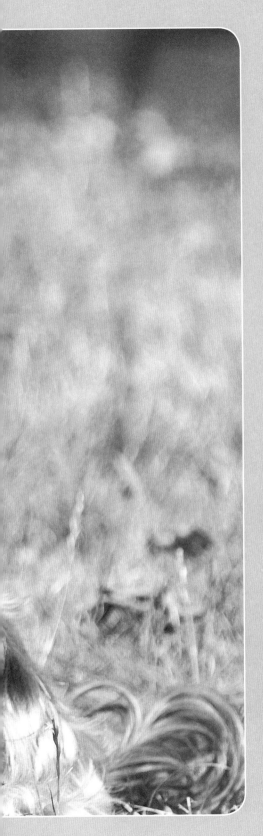

1 你的新朋友

养狗之前，你需要知道的第一件事，也是最重要的一件事，就是如何挑选狗的品种，如何找到你的这位新朋友。

英国已培育出大量狗的品种，每一种都可以执行特定的任务。狗狗从事的工作内容，将决定其适合陪伴哪类人群。如果你的理想生活是蜷在沙发上喝酒、看 DVD，那么养一只无时无刻不在工作的狗，对你和它而言都将是灾难。

很少有人会思考，为什么养狗会出现训练和行为问题。产生这一问题的重要原因，是饲主没有考虑自己原有的生活方式就去选狗，因而挑选了完全错误的品种。

在日常生活中，人们与狗相处的时间很长，它可以成为你完美的陪伴者。

你真的需要一只狗吗

毋庸置疑，养狗会给你带来很多的乐趣。但是，在奔向宠物商店之前，你得考虑清楚：当你想养一只狗时，是否真的知道成为狗的主人需要付出什么？更确切地说，狗是否愿意选择你当主人？

我能给狗足够的运动量吗

每只狗都需要运动。有的狗每天活动半小时就很开心了，有的狗需要更长的活动时间——每天2小时甚至更长。这意味着，在今后约14年的时间里，每年每月每天都是如此，无论刮风还是下雨。做出承诺当然简单，可面对那些真实的、又冷又湿的现实日子却不容易。

我有时间养狗吗

人们的生活节奏越来越快，养狗只会让我们变得更忙。散步、梳洗、打预防针、训练等，这些都会占用你宝贵的时间。

狗需要人们持续的关注，它们无法安然独处。当我们把小狗带回家，我们就是它们的伙伴了。它们很需要我们的陪伴，以及我们给予它们的安全感。整天外出的人不适合养狗。有人会想出别的办法，比如花钱找一家小狗日托，但对于那些整日被托管的狗而言，有20%的狗会觉得孤独沮丧，它们会吠叫，会出现破坏行为，或因为失落而自残，或因为无聊而倍感痛苦。

我养得起狗吗

养狗需要很大的开支。首先，购买狗狗需要花钱。如果你决定养一只不常见的纯种狗，幼犬的价格通常在 800 英镑（约 6800 元人民币），这还不包括你开车在全国范围寻找靠谱的繁育者的成本。即便你打算去救援中心领养一只狗，也需要向照顾过狗狗的慈善机构支付一定费用。这笔钱包括疫苗费和绝育费，需要 100 英镑（约 850 元人民币）

甚至更多。然后你需要采购所有的宠物用品，包括床、食盆、项圈、牵引带、ID 标签、玩具、装饰工具等。在花园里重新树篱，制作狗狗围栏，把你的爱车转移到安全的地方，也需要一笔费用。还有养狗的常规成本，包括狗粮、看兽医、打疫苗、做绝育、上保险、训练、驱虫、除跳蚤、寄养等。

我真的需要一只狗，或者只是为了孩子

也许你的孩子会坚称自己会照顾狗狗。不过，这迟早会变成你的责任（本该如此，因为你是成年人）。当狗狗需要散步时，孩子们通常正在上学，所以遛狗的人是你。当孩子们回到家后，他们还有家庭作业，所以给狗洗澡喂饭的还是你。不管你的孩子现在有多大，一只狗的生命足以陪伴他们经历考试、享受恋爱、完成学业、进入职场，直到他们离开原生家庭。你猜谁会陪伴这只狗直到它生命的最后一刻？

养狗是一件不可避免的耗时费力的事情。你不可能让它们安静地坐在角落里，只在自己空暇时才给予关注。它们需要你的关心，需要你整天把焦点放在它们身上。养一只狗会增加你的工作量，会改变你的生活，使一切都变得不一样。你的房子不再崭新，狗狗们会留下泥爪印、毛发、口水和一片狼藉。

现在再问自己——我还需要养狗吗

如果你能回答上述所有问题，遵从你的内心，仍然觉得有犬类陪伴会让你的生活变得更好、更阳光、更开心，那么恭喜你，你可以成为一名出色的狗主人。

品种的选择

在你一时兴起挑选小狗之前，请认真思考一个问题。大量的训练和行为问题、令人伤心的突发状况、狗狗的疾病，这些重复出现的问题，源自一开始狗主人没有选择正确的品种。饲养一只梦寐以求的狗，秘诀在于做出正确的选择，确保你选的品种能够适应你的生活方式。

尽管这听起来令人惊讶，但事实是光英国一地就有 200 种犬。它们拥有不同的外形、体积、颜色、毛发类型。你不可以为了搭配你的室内设计和装修风格而只关注狗的外表，选择品种不能光看外表。

让我们换一种思路。一名汽车爱好者打算购买新车时，会做出详尽无疑的研究，买下每一本汽车杂志仔细钻研。网上搜索也是必不可少的，还要咨询他的邻居和朋友。如果人们因为喜欢红色而随便买一辆红色的车，一定会受到嘲笑。你能想象一下，买一辆车仅仅是因为爱它的颜色吗？因此，人们在从口袋里掏出钱买车前，一定先要了解它的性能。

所以为什么当人们想要养狗时，让一个

鲜活的生命，在未来的 14 年甚至更长的时间里，与他们分享人生，生活在同一个屋檐下，做出决定却仅仅依靠外表？

人们也许会思考为什么会有这么多品种。这是因为，经过漫长的岁月，人们意识到狗可以更出色地完成某些工作。每一种都经过精挑细选，历经上百年甚至上千年的培育，强化自身出色完成某项工作的能力，有的适合看家，有的适合打猎，有的适合放牧，有的适合陪伴。只有出色完成工作任务的狗狗，才会被选中用来繁育。所以，经过一代又一代的培育，它们的工作能力也被强化。

每种狗被繁育的理由，为我们的选择提供了很好的线索，能够告诉我们适合和哪一类狗生活，它们有哪些天性。

最经典的例子是边境牧羊犬。它们是狗狗界的爱因斯坦，异常聪明，训练效果显著。事实上，每一次评选，服从性第一、最敏捷、获得跳跃冠军的，都是边境牧羊犬。电视节目让其获得巨大的流行，即使再不懂驯狗的人也能轻松调教。但是，边境牧羊犬适合整天工作、天天工作，也就是说，它们的大脑和身体在清醒的每一分钟一直在工作着。只有无穷无尽的锻炼，精神上的不断刺激（即一直在工作），让边境牧羊犬无穷的精力和工作动力得到发泄，它才可能开心地生活在人们的小家里。如果这一点能得到满足，再加上有一位体贴乐观的主人了解它的需求，它会变成一只完美的狗，能够完成几乎所有的任务。如果它的主人是一个宅男，日常运

动不过是把脚翘上桌喝喝啤酒，它会变成一个躁狂的"精神病人"，因为无聊至极而出现侵犯行为，如驱赶小孩（汽车、快递员、甚至家具）、自虐、拆房、不停歇地狂吠等，日日如此。换句话说，这只噩梦般的狗的结局无非是去救援中心，甚至更糟。这就是做出正确的选择，找到完美的狗如此重要的原因。它能避免令人伤心的或者灾难的事情发生。

从哪儿开始

犬种的分类取决于它们的工作内容。在英国，通常包括以下几类：工作犬、巡逻犬、猎犬、梗犬、作业犬、小型犬。不同国家有不同的分法，但分类依据大同小异。选购之前，先了解犬种的工作分类及其代表犬，然后找出不同的犬具备的典型特点，看它是否符合你的预期。

工作犬

此犬种经过人类的精心培育，以适应特定的工作要求，如警犬、雪橇犬、搜救犬、某些猎犬和斗犬等。这类犬通常体型庞大（警犬和护卫犬），十分有力量，要求饲主经验丰富、情感细腻。通常它们不适合第一次养狗的人饲养，也不适合成为家庭陪伴犬。它们是犬类中真正的佼佼者，只适合那些有经验的人养。只有提供给它们所需要的生活方式，它们才会成为卓越的伙伴。

适合人群：经验丰富、主动型、喜欢驯狗、有一栋大房子，且附近有花园的饲主。

■ 圣伯纳犬

■ 大丹犬

■ 利昂伯杰犬

■ 阿拉斯加雪橇犬

■ 牛头獒

■ 罗威纳犬

■ 伯恩山犬

巡逻犬

　　这类犬可用于放牧羊、牛等偶蹄类动物，甚至包括驯鹿。它们是犬类中的工作狂，无时无刻不在工作，包括在一些极端天气条件下。它们可不是"沙发土豆"（指整天躺在沙发上看电视）狗。如果你选择饲养这类犬，需要提供大量的活动和精神刺激以保证它们的健康和快乐，防止它们"自娱自乐"。它们是需要工作的狗，需要一个可以提供发泄窗口的主人来排解它们无限的精力。它们是最聪明的狗，所以训练起来也很容易。你可别误解它们那些天生良好的行为，像聪明活泼的孩子一样，如果缺乏指导，或者厌倦目前的生活，它们更有可能让你陷入各种麻烦中。

　　适合人群：有经验的饲主或家庭，可以进行大量驯狗练习和活动，有宽敞的房子和草地，勤于打理。

■ 芬兰拉普猎犬

■ 古代长须牧羊犬

■ 边境牧羊犬

■ 德国牧羊犬

■ 伯瑞犬（布里牧羊犬）

■ 苏格兰牧羊犬

■ 爱尔兰长毛猎犬

■ 可卡犬

■ 拉布拉多寻回犬

枪猎犬

起初，这类犬用于寻找活的猎物，或者寻回被射中的猎物。猎犬可以分为四种：寻回猎犬、长毛猎犬、塞特猎犬、指示寻回犬，这其中包括一些我们最喜欢的众所周知的品种。

它们活泼好动，通常也很吵闹，可以成为陪伴犬，体型也各有千秋，能适合不同的需求。它们聪敏、易训练，可以和所有家庭成员融洽相处，甚至是猫。可惜的是，虽然它们是最出色的家庭犬，很多人都想饲养它们，可是这些人没有意识到它们的工作犬出身，未能提供大量的活动来保证其身心健康。没有什么比看到一只胖墩墩的拉布拉多更糟糕了，可是这种情况很常见。

适合人群：第一次养狗的个人、情侣、家庭，要求主人活泼好动，最好能拥有大房子和花园。

■ 金毛寻回犬

■ 科克尔犬

■ 匈牙利维兹拉犬

■ 波索犬

■ 寻血猎犬

狩猎犬

用途：狩猎或者帮助狩猎。它们的体型差异比其他犬种更明显。最小的是迷你腊肠犬，只有13厘米长；最高的号称狗中巨人——爱尔兰猎狼犬，身高可达90厘米。它们可分为嗅觉猎犬和视觉猎犬，这取决于它们的狩猎策略。

它们天生悠闲自在又十分庄严，令人着迷。有的犬，特别是视觉猎犬，表情十分淡漠。这类犬也需要大量运动，它们中的大多数不能适应城市生活，最爱在广袤的户外自由奔跑、追逐。气味能让它们兴奋起来，对它们进行召回训练是相当有难度的。对它们来说，很难有什么事比追一只兔子或者追踪某种奇怪的气味更刺激了。这类犬不容易和其他动物和平相处，毕竟它们生来就是优秀的杀手。即便它们努力学会和猫或者其他有毛的动物相处，也可能永远不会对陌生人友善。

适合人群：想给自家院子增加安全防护的人。因为它们在不脱离牵引绳的条件下才能被召回，所以需要宽敞的房子、安全的大院子。因为它们需要自由地奔跑。

■ 比格犬

■ 贝吉格里芬凡丁猎犬

■ 罗德西亚脊背犬

■ 迷你短毛腊肠犬

■ 爱尔兰猎狼犬

梗犬

　　这类犬原本用以捕捉害兽、害鸟（"梗"一词源于拉丁语terra，意思是土地）。它们吃苦耐劳，适应力强，勇敢而坚韧，可以追赶田鼠、狐狸、獾、水獭，以及其他通常体型比自己还大的动物，不管是在地面上还是在地底下。它们还会钻洞、挖洞，所以大多数梗犬体型小巧。当然也有特例，比如万能梗犬身高可达61厘米。

　　尽管它们体型较小，但你可别错把它们

■ 约克夏梗

■ 凯恩梗

当玩具犬。它们和自己的祖先一样，极具冒险精神，精力十分旺盛。所以，它们可没多少耐心陪伴孩子，除非受过训练（我指的是孩子！）。如果你的生活环境只能允许你饲养一只小型犬，但你仍然希望它们具备很多特点和个性，不介意它们有点吵闹，伴随着强烈的运动欲望，梗犬便很适合你。然而对于邻居家的猫而言，梗犬是永远存在的威胁。

适合人群：家里有大一点的孩子且喜欢挑战，不需要宽敞的房子但能给予大量运动。

■ 边境梗

■ 西部高地白梗

■ 万能梗

■ 迷你牛头梗

玩具犬

这类犬包括陪伴犬。它们的特点是待人友善、注意力高，是首次养狗人的理想选择。但是，有的玩具犬实在是太小了，相对于喧闹的家庭生活而言，它们过于娇弱。

若忽略其体型，它们是聪明的伴侣，容易训练，但必须被当作犬类对待，即使它们很小。太多的玩具犬被人们宠坏了。娇惯的哈巴狗随处可见，它们从未有过真正的"狗生"，总是被主人过度保护，片刻也无法独自生活。

玩具犬喜欢乐观的、体贴敏感并且不会把它们当成附属品的主人。

适合人群：第一次养狗的人，有年龄较大的孩子的家庭，较小的房子。虽然它们的活动量小于其他犬种，但每天仍需散步。

■ 骑士查理王猎犬

■ 中国冠美犬

■ 博美犬

■ 吉娃娃

■ 意大利灵缇

■ 巴哥犬

■ 罗成犬

作业犬

这类犬主要源自家庭犬，是用于特定目的的犬。它们体型不一，繁育它们的目的是让它们执行某项特定任务，但不包含打猎范畴。

挑选这类犬时，要确认它们的原始功能，这样才能理解它们的行为特征和需求。

■ 欧亚大陆犬

■ 迷你雪纳瑞

■ 斗牛犬

■ 标准贵宾犬

■ 大麦町犬

■ 中国松狮犬

■ 日本柴犬

另一种选择

随便打开一本养狗指南，琳琅的品种数量足以让挑选者感到眩晕。每一种狗的体型、种类、颜色、毛发特点、性情都极具代表性。可是，每个人都能找到适合自己的狗吗？未必。

不管纯种狗的选择范围有多大，还是有很大一部分狗常常被忽视，其中包括最受欢迎、最可爱的狗。我在这里讨论的是不引人注目的杂交种或混种狗。

混种狗意味着有混合的血统，杂交种是指两种血统的狗的后代。这也就意味着混种狗的父母至少有一只是混种狗或者是杂交种，所以会存在很多种混种狗。

混种狗的主人常常忽视它们异常灵敏的鼻子，觉得它们低"狗"一等，肯定不如血统优良的父母。然而事实恰恰相反，它们灵

敏的鼻子是狗狗中的翘楚也有很多优点，远远胜过具有贵族血统的同伴。这让它们可以成为理想的宠物伴侣和朋友。

独一无二性

每一只混种狗都是独一无二的个体。公正地说，每一只黑色拉布拉多都与它们的同类长得很像，每只维兹拉犬也是如此，它们之间只有一点点区别。我常常幻想在克鲁夫茨狗展上把它们混在一起，看看它们的主人得花多长时间才能找出自己的狗。这个想法有点邪恶，但是如果你拥有一只混种狗，这个世界上就不会有和它一样的狗。你的狗就是与众不同、独一无二的。我们都喜欢与众不同，拥有别人没有的，在养狗这件事上，做到这一点，你只要养一只混血儿就可以了。

健康

大量证据表明，混种狗要比纯种血统的狗更健康。挑选纯种狗，可以定制特定的性格和外观。这种"为美而育"让很多纯种狗带有一点基因缺陷。我们目睹了大量先天疾病和其他健康问题频发的案例。事实上，只有极少数纯种狗才是100%健康的。而这类遗传疾病延续给混种狗的可能性要低得多。父母中有一只有遗传疾病，而另一只没有，那么混种狗患病的概率会发生变化。

也有很多人认为，发情期的母狗如果有选择的权利，会挑选一只最健康的追求者作为它未来孩子的父亲。此外，如果它和它的潜在追求者可以自由地选择彼此，通常只有最快的、最强壮的公狗才能与之交配。要感谢狗狗慈善协会这几年解救了大量流浪狗。这种结果，从技术上决定了杂交的优势。只

有强壮、健康、适合的狗才能繁育下一代，反过来这些狗狗又从基因组合中受益。

这个观点里有趣的一面是每一只混种狗都是沐浴着真爱出生的，它们不是包办婚姻的产物。

每只混种狗都有自己的个性。不像纯种狗，它们不光外观一样，性格也相似。挑选血统时，应该考虑到它原生血统的行为习惯，因为它的本能会引导其行为。比如，如果你养了一只边境牧羊犬，它会追赶孩子、快递员，甚至追赶院子里的松鼠。如果你养了一只梗犬，它会花大部分时间去掏洞或者追赶活物。如果你养了一只猎犬，一旦它发现了野兔或者闻到特殊气味，你只能看着它消失在你的视线里，即使你在后面大喊大叫，也难以唤回。但是对于混种狗而言，所有的特点都会被模糊化，你只会得到一只更容易相处的狗。你的狗可以拥有科利牧羊犬的所有特点，但不会有那么严重的强迫症。然而你需要知道，它的父母血统自带的性格会潜藏在混种狗身上。这意味着，不知道它上一辈的血统，就很难预测你的狗最终有什么样的性情。所以，和混种狗生活，其实是一段发现之旅。

成本

混种狗不但优点众多，饲养成本也低很多。除了上述内容，购买一只纯种狗可能让你的银行账户严重失衡 。但是，你从救援中心领养或者从私人家庭中购买一只混种狗，便不会花太多的钱。混种狗的保险也很便宜，因为很多保险公司意识到，它通常更健康。

所以，如果你在寻找一只特殊的狗来分享你的人生，可以在众多纯种狗中找到完美的伴侣，也可以从救援中心、朋友的朋友、报纸上的广告专栏里找到它。

学会欣赏混种狗的独一无二。它们有不同的体型、不同的模样，总有一只适合你。

你的选择是混种狗，还是纯种狗？

幼犬和成犬

现在，你应该已经清楚自己想要哪一种狗了。下一步，你要决定的是从一只小奶狗开始养，还是从大一点的狗开始养。

小奶狗

没有什么比小奶狗更吸引人了。它们可爱、有趣、讨人喜欢。然而，养一只小奶狗还是相当辛苦的。你要做好度过几个不眠之夜，没准是很多个不眠之夜的准备。有时你需要全天在家，或者带小奶狗去上班以便继续关注它。你要参加社交课和培训课，还要准备一系列开销，包括疫苗费、绝育费。一只快速长大的狗每天的需求都在变化，由此也会产生财政支出。

你还需要有无尽的耐心，别太心疼你的家具和院子，并学会保持幽默感。

如果具备以上所有条件，那么小奶狗就是你理想的选择。你可以把这个温软可爱的小家伙培养成你理想的狗狗，给予它所有的关注、社交、关心、必备教育，确保它成为你理想的伴侣、最好的朋友、被犬类社会认同的成员。然而，这需要投入大量的时间和热情。记住，任何失败都是你自己的原因。

当我们爱上一只小奶狗，把它带回家后，你的新鲜感可能会消失，然后发现这其实是一份艰苦的工作。坐下来好好想想，你能否在小奶狗成长时给予它所要的陪伴和责任。如果你不能，但是仍有时间照顾一只狗，愿意分享你的关爱并期待它的回报，让它融入你的家庭，可能你适合养一只幼犬，而不是小奶狗。

适龄犬

选一只适龄犬，你可以确定自己能得到什么。你知道这只可爱的毛球会长成什么样子，是否训练过如厕，能否和大人、孩子、猫、车辆和平相处，能否独处。换句话说，养一只适龄

犬，所见即所得，无须猜测。话虽如此，没有人知道那些在救援中心期待有个新家的狗狗经历了什么。我们稍后再谈。

一只适龄犬，通常更敏感也更稳定。你无须经历它幼年期无休止的社交活动，忍受它青春期的聒噪。是的，狗也有和人一样的青春期，而且仿佛一直都在青春期。你也无须在它如厕训练时放弃宝贵的睡眠。对很多人而言，适龄犬正是他们需要的。

你可以从很多渠道获得一只适龄犬，救援中心是最常见的渠道。在英国，每种犬都有自己的救援机构，联系养狗爱好者协会可以获取更多细节。救援中心的狗由于各种原因被送到这里，并不是它们的错，离婚、丧亲、新生命出生、家庭成员过敏，或者只是因为狗主人在一开始就没有好好地为它着想过。它们需要第二次机会。

所以，经过多番思考，你会发现自己

真的想要一只狗，期待找到一只最适合你的狗。很好！你很快就能拥有一只完美的狗狗伴侣了。

找到你的狗

现在可以进入下一阶段，找到你的狗。

对大多数人而言，狗可以购于自繁育者的私人家邸，也可以来自救援中心。如何找到理想的繁育者，或者在救援中心挑选到合适的狗呢？

记住一点：永远不要考虑从宠物店或者小狗农场里购买小狗，不管这多么简单，或者你有多么想做一件好事而去帮助这些可怜的小生命。这些小狗未经过正确的生活训练，比如未和自己的妈妈一起生活在人类家庭里，所以它们不太可能经历过很好的社会化（你会在后面发现这一点的重要性），可能存在健康问题。你很可能带回家一个令人心碎的隐患！迟早，这类人，不管是宠物店卖小狗的人，还是靠繁殖牟利的人，一般是不会关心狗狗生活和健康的。如果怀疑想买

的狗来自小狗农场（通常他们将好几种不同品种的狗散养在外面来出售），你应该立即离开，而不是鼓励这种罪恶的交易。其实有很多优秀又勤勉的繁育者，能为你提供理想的狗。

找到属于你的完美的小狗

如果你理想的第一只狗是小奶狗，请做好不休息的准备，你的银行经理也要做好被吓一跳的准备。当你决定购买一只小狗时，要寻找一位完美的繁育者。可以光做一些调查，比如和兽医聊天，和养同种犬的人交流，翻看犬类杂志，从养狗爱好者协会中搜集繁育者的名单，尽己所能列出宽泛的入围名单。

然后一一拜访他们。

如果你有小孩，请不要带他们前往。他们会爱上自己见到的任意一只呆萌的小狗。做这个决定，绝不应该建立在小狗的可爱上，还要确定当你选择它们时，你会喜欢它们成犬的模样。因为你的小狗最后也会是那副模样。所有的小狗都憨态可掬，但将要和你生活十多年的是一只成犬。

优秀的繁育者会直截了当地对你进行测试，来判断你是不是合适的主人。如果他们关心的只是你能出多少钱，就请快速离开。

确保小狗是在家里养大的，这个家庭越忙乱越有生气越好。在4周大的时候，小狗会经历一个重要的社会化时期，这个时期会持续到小狗14周大（有的品种会结束得早一点）。在这段时间，如果小狗没有经历良好的社会化，将来会出现可怕的或者不可预测的反应（这可能包括对家具、吸尘器、洗

衣机、大人、孩子、噪声、汽车和猫的不适应）。要确保问题不会在以后被激化，就要让小狗在生命的最初时期有最丰富的"狗"生体验。这会成为它日后生活的一部分。如果错过这个阶段，以后将难以弥补。

确保你能看到小狗和它的妈妈待在一起，确定它的妈妈是健康、友好、放松状态的，传递给狗宝宝良好的情绪反应。如果你能看到它的爸爸，那更好，不过这种可能性要小一点。如果你能看到它的其他家庭成员，就花时间和它们相处，确认你喜欢它们的行为、外观。你还可以要求和购买过的买家聊天；如果不能和他们聊天，要问清楚原因。

从养狗爱好者协会查找这些狗是否需要进行健康检查，确认它们已经接受过检查。

一旦你成功地找到一名优秀的繁育者，他能培育出健康、快乐、友善的小狗，一旦你通过他对新主人的考验，你就能选择你的小狗了。有很多教你如何挑选小狗的书，但最容易的方法就是选一只你喜欢的狗。如果你是养狗新手，最好选一只不太内向也不太外向的狗。太害羞的狗长大后容易变得胆小；太大胆的狗会变得比较固执，以后难以管教。二者都会带来大问题。

这里有一些简单的方法帮你了解小狗的性情。试着将小狗翻个身，四脚朝天，它是拒绝、闹小孩脾气，还是开心地接受？你需要一只接受你的小狗。

制造噪声，比如将钥匙掉在地上，小狗不应表现得过度惊慌——也许它会被吓到，但是它应该用开心的状态来发现问题根源。

抱起小狗，每次轻轻地握住它的一只爪子，观察它的反应；观察它的耳朵和指甲——如果它变成魔鬼小狗，这不是一个好的信号！你是在寻找一只喜欢人类，乐于和人互动，接受新的事物和声音，而不是太大胆或太胆小和太冷漠的小狗。

不要让孩子参与决定。你也许会纠结，让内心听从自己的头脑而不是心，但如果你有小孩的话，你别无选择。

一旦你挑好了小狗，就为它取名（确保繁育者在它来到你家之前都使用这个名字），留下你和你家里的味道，这样当你再来接它时小狗就找到了熟悉的味道。现在你可以先回家，为狗的到来做好安排。

领养一只狗

要领养一只完美的狗，难度更大。我们一起了解整个过程。

通过寻找当地优秀的救援中心，开始你的探索，给狗狗一个有爱的家和第二次机会。这些信息很难获得，所以你可以询问朋友和兽医，或寻找当地的出版社来获取救援中心的细节信息。如果你访问猫狗之家社区网站，还能找到他们的成员名单。他们的标准很严格。这会是一个完美的开始。

参观救援中心，确认这个地方是干净整洁的，员工是充满热情的。工作人员乐于见到你，也很愿意带着你四周转转。你会喜欢你所见到的一切，并感到舒服，员工们把这儿的狗照顾得很好。

一旦你很满意这个救援中心，就是时候寻找属于你的狗了。请在出发之前做好决定，包括品种、类型、大小、运动量、毛发特点。把这些需求牢记心间。当你开始挑选时，不要因那一双双棕色的大眼睛而动摇你的决定，有些狗可能完全不适合你。

当你以准主人的身份进入时，你可能会被提问。不要觉得被冒犯。好的救援中心会在意领养者的背景。救援中心的狗，大多在生命的一开始有过糟糕的经历，所以为它们

第二次挑选新家需要更谨慎，它们无法再经历同样的痛苦。

　　救援中心可能要对你进行完整的测试和家访，确保你可以提供一个很好的环境。他们既要确保你能够挑到最合适的狗，也要保证他们的狗可以找到最好的家。

　　救援中心会为你提供合适的待领养名单，或者他们会让你先巡视一圈，然后自己做决定。

　　一个好的救援中心能够了解中心内所有的狗，知道它们适合哪类家庭。有一些狗可能不愿意和儿童、猫、其他狗一起生活，那么它们可能不适合你。如果你被告知，你喜欢的狗不太适合你的生活方式，请不要感到惊讶。

　　一旦你得到狗狗的名单，见一见它们，花些时间和它们待在一起，一起散步、玩耍，观察你们之间是否会产生火花。当你找到它时，你就知道是它，不会再选择其他狗。这只狗将陪伴你多年，你需要成为它的灵魂伴侣，而不只是一个命令下达者。

　　请和救援中心照顾这些小狗的工作人员聊天。他们很容易被忘记，但是这些人是最了解你未来最好的朋友的。听一听他们说的，认真考虑他们的意见。

你在寻找一只从内心想要和你生活在一起的狗，希望引起你的注意。它会要求有人的陪伴。不管你有多抱歉，请不要选择一只看起来紧张又胆小的狗，也不要选择一只狂热或冷漠或侵略性的狗，更不要选择一只对你没有兴趣，或者对人的陪伴没有兴趣的狗。当你面对大量的可怜又可爱的狗，让情绪指挥你的大脑是很容易的，它们都需要第二次机会。但你是在寻找属于你的完美的狗，要符合你的生活方式，能走进你的内心，能够让你的生活变得更好，所以你要做出明智的选择。

一旦你做出决定（听从你的内心，也听从你的头脑），也要考虑家庭的其他成员，包括你养的其他狗。每个人都应该因新成员

的到来而感到高兴。

当你确定找到了你的灵魂伴侣，就可以准备领它回家了。

公犬还是母犬

关于这个决定，人们有很多担心，最后还是取决于个人的偏好。有的人喜欢公犬胜过母犬，而有些人相反，还有些人不在意这个问题。花时间和很多狗待在一起，能够帮你了解自己的偏好。如果你不去思考，你真的清楚自己会面临什么样的问题吗？

有的人发现，公犬有更多的个性，而母犬却感情更丰富，但是每个准则都有例外，不同的品种也存在差别。

大多数品种的公犬体型更大，对没有经验的饲养主而言更具挑战，尤其当狗狗处于青春期时。如果你是第一次养狗，需要记住：在某些情况下，公犬比母犬高更容易训练。但这里没有一成不变的规则。

通常，这取决于你的个人偏好，以及哪只狗赢得了你的心。

然而这里存在明显的区别，在做决定前你需要考虑以下问题。

母犬一年有两次发情期，这意味着它在发情的三个星期里，容易变得情绪敏感，会撕咬你的毛毯、家具和衣服。除非你为它准备了一些防骚扰内裤，否则方圆16公里的公犬会被发情期特有的声音吸引到你家门外。你得每天早上4:00带它散步（如果你敢带它出去冒险，特别是在它发情期的末期，只有这个时段是可取的），这样才能避免遇到任何公犬。但这实在是太不方便了。

公犬会表现得更具地盘性。如果缺乏合适有效的培训，它会在散步的路上尿尿，在花园里做记号。事实上，它无处不在做记号，在极端的情况下还会在自己的腿上留记号。它还会表现出不受欢迎的性行为——蹭来蹭去，不管是垫子还是你的朋友的腿，还会追逐发情期的母犬。还有一些狗会表现出对其他狗的潜在的攻击性，特别是同性。

解决的办法只有一个：绝育。

绝育

绝育

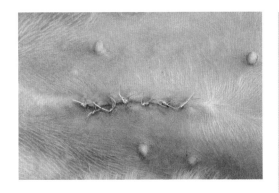

如果你的狗来自救援中心，很可能已经做绝育了。对小狗的主人而言，绝育是你自己应该做的一个重要的决定。

绝育是指通过手术移除狗的生殖器官。对公犬而言（阉割），这是一个简单的手术，因为这些器官是外露的，所以很容易去除。对母犬而言（去除卵巢），这是一个大一点的手术，而且是有创口的。然而对于狗狗而言，绝育手术的恢复都是很快的，尽管需要戴上保护罩一两周，防止它们舔裂伤口。

为什么要让狗狗经历这些？

首先，不被需要，或者被抛弃的狗狗，有成千上万只。因为它们没有家，只能被安乐死。太多的狗出生在这个国家，但不是所有的狗都可以那么幸运地遇到好人家。关于狗狗的问题，预防总比补救好。通过去除狗狗的生殖能力，那些无家可归的狗就会少一点。即便你可以为你家所有的小狗找到好的家，可是你可能给一个很好的主人送来了一只不受欢迎的狗。

当然，很多饲养者是很负责任的，即便他们的狗狗没有做绝育，也不会让它有怀孕的机会，但意外总是很容易发生。意外出生的小狗，并不是提倡做绝育的唯一原因。

做过绝育的狗，健康的概率要高很多。据初步估计，50%的未绝育的母犬子宫会有感染，即子宫蓄脓。绝育可以完全根除这个风险，且在其第二次发情期之前做绝育，还能预防乳腺癌。对于公犬而言，绝育可以完全避免睾丸癌的风险，降低很多由激素分泌引起的肿瘤，帮助它们避免在老年出现前列腺问题。

绝育还有更多好处。很多母犬在每年两次的发情期里会变得比较凶，因月经期的波动

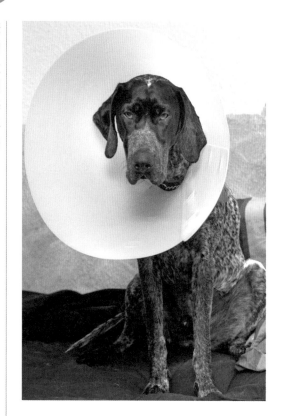

量时间思考性及如何得到性，所以这会让它变得更容易控制，也更容易相处。此外，许多非常友好的公犬会发现自己会和其他公犬发生争吵，因为它视对方为威胁。

有人认为，绝育是反自然的。这个观点也许是对的。从自然角度而言，一只狗可以和它喜欢的异性约会，使自己的性需求得到满足。然而，大多数饲养的宠物没办法获取这样的机会，如果不绝育，我们会因让它们生活在一个充满挫折的环境里而感到自责。因为它们有性器官，所有的激素都流淌在它们的身体里，但它们却得不到满足。这足以让任何一只狗感到崩溃，变得很难相处。

当母犬处于发情期，或者当公犬知道附近有处于发情期的母犬，它便会无所不用其极地想要逃离房间，逃离花园，去寻找伴侣。它会彻底变成完美的逃跑专家，可以搜寻到几公里之外的发情期母犬的味道。在寻找的过程中，它有时候会迷路，或者死于交通事故。

所以，在狭小的房间里，绝育可以促进健康，降低被安乐死的狗狗的数量，还能改善狗狗的生理行为。

那么，这个手术的危险是什么呢？随之而来的问题又是什么呢？值得庆幸的是，近

而备受困扰，个性也会改变。大部分母犬在发情期间会进入假性怀孕，导致其情绪低落、难受。如果你考虑到未绝育的母犬每年要经历两次这样的事情，要两次假性怀孕，就意味着它们的生命中有一半时间是很伤感的。

即便是正常的怀孕，除了增加无家可归的狗的数量，还会带来严重的健康问题。怀孕会导致意外，母犬和幼犬都可能因复杂的情况而死亡。

绝育还有助于控制狗狗特定的行为问题，特别是公犬。但需要注意的是，这并不能一劳永逸。它会改变睾酮素驱动的行为，比如不合时宜的对各种物体、其他动物和人咆哮，标记领地，特定的侵略行为，迷路，甚至寻找母犬。绝育也会让狗狗变得更加放松，对它的主人充满感情，不再花生命中大

年来，麻醉变得更加安全，这类手术很少出问题。当然，任何手术都会有一点风险。请将你的担忧告诉兽医。

母犬在取出卵巢后可能有尿失禁的风险，但这是可以治愈的。

有一些绝育的狗，不管公母，在绝育后有体重增加的可能，大部分是由于它们变得更加慵懒，无法消耗足够的能量，但这个问题可以通过锻炼和饮食管理来解决。也许还会有一些外观的改变，有些品种的狗，毛会变得更蓬松，更厚，或者更杂乱。但是，

只要你经常为它梳理毛发，这不会造成任何问题。

在绝育之前，听取兽医的意见，选择最好的时机。兽医们可能有不同的意见，如果你有十分信任的兽医，听从他的意见，特别是母犬。有的人主张越早绝育越好，有的人认为应该再等等。如果在母犬的第一次发情期没有做绝育，便应该在两次发情期之间进行。对公犬而言，什么时候进行绝育都没有关系，但关于合适的绝育年龄，兽医们会有分歧。

如果你养了一只公犬，不确定绝育是否能够帮助它解决特定的行为问题，可以让兽医选择化学阉割。这是通过注射来模仿阉割。在你做出这个非常重要的决定之前，你可以观察两者有什么区别。

是否对狗进行绝育，完全取决于你自己。如果你有一只纯种狗，期望在狗展上成名，绝育不应是你的选择。然而，对于大多数宠物狗而言，绝育会让它们变得更开心，更健康，成为更好的家庭陪伴。

狗和孩子

现在，人人都认为没有什么能比狗和孩子的关系更好。它们之间是否存在某种神秘的联系？它们在寻找着对方，一起玩，保护彼此不受伤，不受外部世界的伤害，在困难的成长岁月里成为最好的朋友，是这样吗？然而，现实恰恰相反，这里面存在很大的误解。

我们为什么会对孩子和狗之间的亲密关

系如此深信不疑？我们花了大量的时间去看《莱西和彼得潘》，还记得里面的狗狗——护士娜娜吗？我们看了《五伙伴历险记》，忘记了严谨逻辑的思考。为什么两种不同的物种，它们不能彼此了解，却能够建立某种自然的联系？

让我们忘掉这些神话吧。大多数狗狗咬人，不是发生在外面，不是因为陌生的、有攻击性的狗在外面吠叫，而是发生在家里。而且，大多数狗狗咬人都是狗攻击小孩。从小的啃咬到一些很恐怖的伤害。

想知道原因并不困难，做一个实验就能得到答案。请找一只友好的狗，用正常的方式和它做朋友。它会变得开心、快乐，行为良好。突然蹲下、不规则地移动、大声尖叫、猛地拍一下狗的脑袋、毫无预兆地掐住狗，这些举动足以让行为良好的狗狗瞬间变成一只疯狂的野兽，它会认为人疯了，然后采取防御的动作，这就不足为奇了。然而，

这就是孩子接近狗的方式，或者看起来像的方式。也就不难理解狗为什么会攻击孩子们，实际上更难理解的是，为什么那么多孩子没有被攻击。

对于一直没有习惯孩子的狗而言，孩子的行为是难以预测的，他们会制造奇怪的声音，脚也总不安分，他们会抓它，孩子是彻底的、奇怪的人类生物。同样，孩子也无法理解狗的身体语言，无法识别狗发出的警告信号背后隐藏的危险。他们会有意或者无意地让自己处在狗狗不愿意他们待的地方，比如食盆旁边、狗睡觉的地方。

事实上，当家里的狗咬了孩子，每个家长都会说，它怎么刚才没有警告。他们没有意识到，其实狗一直在发出各种讯号且已经好几个星期。但是孩子或者家长并没有读懂这些信号。关键不在于狗狗或孩子能够理解彼此，而是作为饲养者，我们不要期望他们能够做到这一点。

我们应该用更现实的目光看待这一问题，即狗和孩子可以并且应该建立良好的关系。忘掉莱西的故事，因为对于孩子而言，狗是一种危险的生物；反之亦然。一旦认识这一点，我们要采取预防措施，要确保孩子和狗成为很好的朋友，像我们期盼的那样。

那么，从哪儿开始呢？让我们回到最开始。当你决定要养一只狗时，最应该考虑的问题是在这只狗的生命中，你会中途考虑生一个孩子吗？太多的狗因为孩子的降临，被送到救援中心。它们的饲养者只考虑到当前他们所需要的东西，忘了狗的生命可以长达14年，而这段时间的长度，足以迎接一个孩子的到来。所以，你应该谨慎地选择你的狗。如果你养了一只纯种狗，就应该选择那些和孩子能够友好相处的品种，比如枪猎犬类和陪伴犬类，而不是那些小型的宠物犬。如果你从救援中心领养了一只狗，就应该选择一只可以和孩子和平相处的狗。

其实，在救援中心很难找到一只和孩子能和平相处的狗。猜猜为什么？因为最初的饲养者没有你现在的先见之明，这也正是他们的狗为什么被遗弃、被送到这里，等待着一个新家的原因。

对那些已经有孩子的人而言，我建议

你不要考虑养狗，除非你的孩子已经5岁以上。只有这时，你才不需要同时关注你的孩子和狗。

一旦你做出重要的决定，养一只纯种犬，一只可以和孩子和平相处的狗，你就要变得十分现实。狗狗无法和孩子相处，除非它们已经和他交往过。记住，对狗而言，孩子是奇怪的不可预测的生物。除非它们有过这种经历，大多数狗是害怕孩子的。如果一只狗不喜欢孩子或者害怕孩子，这并不意味着这只狗是坏狗，只能说明，在它的社会化时期没有得到积极的教养。你心怀期盼，而它只是表现了正常的行为。

如果你的狗要和孩子们一起生活，必须教它要喜欢孩子。这意味着，在小狗重要的社会化窗口期，基本上是从你把它抱回家的那一刻到14周大，你要让各种年龄段的孩子和它建立积极的互动和交往。这意味着，孩子可以善意地对待小狗，和它一起做有趣的游戏，而小狗不会被孩子抓弄、打伤、推搡。你要在孩子和狗之间努力建立联系。这种联系不是恐惧，也不是厌恶。好的方式是养一只小狗，让它和家里的孩子一起成长。当你把小狗带回家时，应该继续这种社会化，记住，用进废退。

现在，你已经选择了一只能和孩子和平相处的狗，你也教会了它把小孩看作一个好的生物，那么你完成了你的工作吗？

远不止这些。

你现在应该教会你的小孩，胜过教育你的狗。

你应该教会孩子尊重狗，不管在什么情况下。教会他们哪些时刻要和狗保持距离，比如当它吃饭时，睡觉时，当你说"不"时。教会他们如何和狗相处，如何控制狗，不要把狗抛到高空，不要把狗摔在地上，不要把他们的脸放在狗肚子上，不要对它做鬼脸。

现在谈一些关键问题。永远不要把你的狗和年幼的孩子留在一起。如果你不能监控孩子和狗的互动，你就永远不会知道，当一个玩具离它的食盆过近，当它的尾巴竖起来，或者其他事情出错时，孩子就可能处在潜在的危险中。不要把你的狗放在那样的位置上。

不管孩子们有多成熟多敏感，这个过程要一直持续到你的孩子足够大，直到他们可以给予狗足够的尊重、感受和关心。所有孩子都是独一无二的，你必须使用自己独特的感觉和知识，关注你的孩子和狗。

当你的孩子十分友好时，你的狗也会如此。有些狗会变得非常保护它们的"孩子"，打斗游戏会被狗误解。即使你教会了你的孩子"狗狗准则"，其他孩子却不一定被这样教导过。

孩子应该参与到狗的培训和活动中。大多数狗狗的培训课程欢迎孩子参加，也应该邀请孩子参加。在这些活动中，他们将学会如何教导狗狗听从自己的口令。一个优秀的驯狗者会从内心尊重狗狗，从它还是小狗开始，确保他们的相处是有趣的。如果孩子足够大，敏捷训练是另一种很好的练习方式。这种训练可以使他们一起获得乐趣，而且更安全。

也许你认为我有一些偏执，过分小心。也许是吧，但请记住最早的一份统计数据：绝大部分狗狗的攻击行为都是家庭宠物犬攻击孩子。此外，更小的孩子更容易被撕咬，且大部分撕咬发生在面部和颈部，因为小孩子的身高正好是狗狗牙齿的高度。对孩子而言，这会导致毁容，失去自信，心理疾病，持续的创伤。对狗而言，这会直接导致它们的死亡。把它们放在一个这样的位置上，对你的狗和你的孩子都是不公平的。这一切本可以避免，我宁愿要安全也不要道歉。更重要的是，你应该教会你的孩子和所有的狗保持安全距离。作为一名狗狗饲养者，你应该给予它们未来的快乐，并享受到由此带来的好处。

好消息是，所有的一切都是值得的。研究证明，和狗狗一起生活，对孩子来说有很多好处，这一点毋庸置疑。和狗一起成长的小孩，患过敏症的概率较低，请假不去学校的天数更少，身体更健康，在和他人的互动中会更自信。和不养狗的同龄人相比，他们能更好地应对人生。狗也会教孩子更多的责任和关爱。我能感受到，那些出现在我成长岁月中的小动物们，给予我爱、关心、支持和友谊。我知道，如果没有它们，我会变成一个完全不同的人。我发自内心地感谢它们，我希望你的孩子在他们的儿童时期也能和狗有这样类似的愉快记忆。

带新朋友回家

现在，你已经选择了最好的新朋友，是时候把狗带回家了。狗不是廉价的动物，它们要分享你的人生，所以请列好你的购物清单，改善你的居住环境。

装备

■ 牵引带（普通平边牵引带，皮质或耐磨材料，不能太窄）。小狗长得很快，除非你的狗已经长大了，你可能要买足够的替换品。

■ 带安全夹，方便手持。日常运动，留1.2米长的牵引绳即可。训练时可适当放长，当狗对牵引带的回忆不是很好时，适当放长可以给它一些自由！

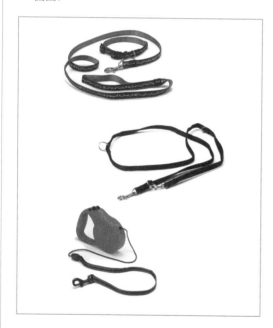

■ 如果已经戴上狗链，要配以项圈或挽具，直到你训练它时不再需要这些东西。

■ 购物清单上不应该出现可抽紧的狗项圈、带刺项圈、电击项圈，以及任何常用于狗身上的带虐待性质的器具。狗将成为你最好的朋友，你

不应该伤害或折磨最好的朋友。如果有人建议你使用上述任何器材，请忽视他们。你不应该从他们身上听从建议。

■ 身份标识。英国法律规定，必须为自己的狗配备身份标识，在它的项圈留下你的地址和电话号码。

■ 床，可能不止一张。这样你的狗在不同的房间都有自己的位置。

- 足够大的笼子。狗可以自由站立和打滚，但不能太大，以免它把另一头儿当作厕所使用。
- 玩具。带孔玩具比较理想，但小狗们更喜欢松软的玩具或造型比较华丽的玩具。确保玩具质量上乘，经久耐用。在它玩玩具时，必须有人监控。
- 供应食物。从现在开始为小狗或者成犬提供和之前别人喂养的同样的食物。以后你可以更换狗粮。但现在，你的狗需要吃它习惯的食物。

其他要考虑的事

- 在你信任的兽医处进行登记，相信他。可以通过他人推荐找到合适的兽医，然后拜访他们。不应该在遇到紧急情况的时候才去找他们。一名优秀的兽医等值于和他自身体重相当的黄金。
- 当你把狗狗带回家后，应带它去你选定的兽医那里做个全面的体检并做自我介绍。
- 和兽医商量关于疫苗和植入电子芯片的问题。
- 了解你的狗最后一次接受除跳蚤和寄生虫的时间，和兽医商量以后的治疗方案。
- 如果你的狗还未做绝育，或者只是一只小狗，和兽医商量绝育的事情，把它列入你的养狗预算。
- 寻找一位优秀的教练，不管是小狗培训班，还是成犬培训班，请联系宠物狗培训者协会，他们能提供你所在地区培训者的详细信息，也可以咨询兽医和其他养狗者。

居住环境改进

- 确保所有电线远离地面，小狗触碰不到，这对它来说十分重要。
- 将所有盆栽移出小狗的接触范围，特别是有毒的。安全第一。不要等到出事了，才全部清理掉。

- 如果你不想让狗进入房间内，请在门口安装安全门栏。

- 为狗规划好卫生间，可以是整个花园，也可以以是一小片地方。
- 检查花园里是否有有毒植物。若存在大量这类植物，所以请做一些互联网调查。
- 确保花园是有围栏的，这样你的狗就不会逃跑。
- 让狗有自己的领地，满足它独处的需要。
- 确保狗可以在你的车上呆得很舒服（参考第112页带狗旅行。）

轻松的回家之旅

来到新家，是一种压力体验，对小狗来说尤为如此。它不光要去熟悉新的环境和新的人，还要告别自己的妈妈、兄弟姐妹，以及曾经熟悉的一切。但你可以让这种转换变得比较轻松。

当你挑选好小狗，留下一条毯子给它的繁育者，放在小狗的笼子里。之后这条毯子要被一起带回家，放在你的小狗的新床上，让它感到安全，这样它就会认为自己是在一个熟悉的地方。

确保回家之路是短暂且没有压力的，让他人来开车，这样你就有时间和小狗待在一起，让它的旅程尽可能轻松。在旅程开始之前不要让繁育者喂得太饱，你一定不希望它在和你的第一段旅程就生病。

当你回到家里，先把小狗带到厕所，给一点吃的，然后让它上厕所。当它在正确的地方上厕所时，要用美味的食物奖励它，然后给它一个安静的夜晚。如果你家里有孩子，对小狗的到来十分兴奋，这么做是很有难度的，但是小狗的确需要一点安静的时间来适应。别忘了它只是一个宝宝，而且现在是一个十分困惑的宝宝。

然后决定你的小狗可以在哪睡觉。有人认为，如果你想让你的大狗以后在哪儿睡，那么你的小狗就应该在哪度过它的第一个夜晚。这取决于你，你可能需要买耳塞。我的想法是，把这个小宝宝留下独自相处，在它远离妈妈的第一个夜晚，是不公平的，所以我认为，如果经过了笼子训练，这个地方应该在你房间的笼子里。这样会让训练上厕所变得更加容易，你能够听到你的小狗什么时候醒来，你可以照顾它去户外，而不用困难地叫它起床。如果你期望笼子最后放在别处，你可以轻松地把这个笼子逐渐移得越来越远，直到移出房间。

在小狗床上的毯子里放热水瓶，以模仿妈妈的体温。有一些小狗会因时钟的嘀嗒声而感到安稳，这有点像令人舒服的心跳。你也可以为它购买内置心跳声的松软玩具。

小小的提示，如果你家里已经有了一只狗，你再带回一只新的小狗，那一定不要忽视家里的大狗对这个新成员的感情。你要和现有的狗相处，让它感觉到被爱和被需要，就像你对新成员所做的那样。

如果你领养一只狗，也是同样的程序。新的成员需要时间来适应它的环境，很多救援中心的狗不会真正地安顿下来，只有过了6个月才会觉得像在家里。当你把它带回家时，首先让它上厕所，然后奖励它，带它在周围逛一逛，看看它的床和玩具，然后让它自己去开发，了解它将生活的地方。不要将自己的陪伴强加于它，要让它有机会发现新家，对新生活感兴趣。

不要期望救援中心领养来的狗会对你感激（是有的人总会这样期盼）。一开始它的情绪一定是感到困惑的、百无头绪的，因为生命的另一次改变而感到压力。你应该更加耐心，更体贴入微，满足它的需要，让它自己意识到回家了。

不论，你把一只小狗还是一只成犬带回家，你都应该给予它们时间安顿下来，适应自己的新生活，不要在一开始有过多期盼。新的成员会成为你新的最好的朋友，改变你的生活，成为你亲密的伴侣。让你们的关系从理解和体贴开始，你的新朋友会用最宝贵的财富来回报你。

训　练

欢迎进入本书的主要内容，它能帮你获得一只训练有素的狗。你只要记住，驯狗不是发射火箭，无论这个过程有多么令人气馁，你若按书中的介绍一步一步来，会发现它如此简单，简单到让人惊讶。同时，这个过程也是充满欢乐的。

然而更重要的是，这不仅对你来说是一种乐趣，对你的狗而言也是一种乐趣。在本书里面你看不到任何训斥、打击、惩罚、拖拽、推搡。如果你要依靠上述手段来达到目的，那么你不是一个教练，而是一个野蛮人，还是很愚蠢的那一种。

那么开始驯狗吧。

狗是如何学习的

了解狗，最重要的事情是理解狗的学习套路，这样才能按照你所想的来教导它，避免教一些你不想让狗学会的东西。

狗，和地球上所有的生物一样，包括人类，都是通过获取奖励学会做事的。不值得奖励的事情是不会被重复的，因为那没有意义。

举个例子。大多数人都知道狗会在餐桌前乞食，那是因为在过去有人会在餐桌前喂狗。这是一种奖励，所以狗会重复这种行为，期待再次发生。相反，没有狗会待在冰箱前，即便它知道里面有食物。因为冰箱从来没有及时地为它提供美味的食物。

驯狗就是这样简单。奖励你喜欢的行为，它就会持续；忽视你不喜欢的行为，它就会停止，甚至再不会出现。

你要理解什么是奖励。奖励可以是食物、玩具、游戏、散步，或者狗喜欢的任何东西，也可以是你的关注。对很多狗而言，得到主人的关注是一种奖励，哪怕是消极的关注。这意味着，如果你忽视了狗，它会做一些你不喜欢的事情，然后你走过去告诉它停下来。你以为你在告诉它停下来，实际却是通过关注来奖励它。所以，这种行为还会继续，因为你在不自觉地奖励它。坏的行为应该被完全忽视，前提是它没有遇到危险或制造危险。忽视它，它才会停止。因为没有奖励，所以毫无意义。然而，最糟糕的是忽视它、忽视它、忽视它，然后突然大声斥责它，再让步。这样做只会让它长时间重复这种不被期望的动作，持续这种行为，你最终还是会用你的关注来奖励它。

如果你的狗持续地做一些你不喜欢的事，请努力思考它为此得到了什么奖励。

人们总说要积极地惩罚那些不受欢迎的行为，然后狗就不会再重复这个行为。这种观点是对的，因为狗会避免采取造成消极后果的行为。然而，把恐惧和疼痛带到狗的生

又有什么意义呢？答案是大有意义，原因有很多。

首先，我们生活的社会，针对危险的狗和在公共场所失控的狗的诉讼和法律越来越多。每只狗都有牙齿和爪子，简单地说，把一只过于兴奋的狗放错了位置，你会发现自己将置身严重的控诉，狗也命悬一线。你应该尽你所能，养一只安全的、值得信赖的狗，这是对你的朋友、家庭、邻居负责，更是对你的狗负责。

驯狗的另外一个很重要的原因，是保证它的安全，让它拥有一个漫长而健康的"狗"生。比如，当它往前跑出很远时，你能顺利将它召回，这样做也许有一天可以救它的命。你必须能让它交出捡到的东西、偷来的东西，或者只是偶然掉进它嘴里的（也许是危险的、有毒的，或者只是普通的）贵重物品。如果你有一只训练有素的狗，就能保证它的安全。

哪怕只是出于自私的考虑去训练你的

命，只会对你们的关系造成毁灭性的影响。狗不再信任你，不再相信你，它做着你希望的事情不是因为它想做，而是因为它太害怕不去做的后果。有很长一段时间，我们认为这种驯狗模式是正常的。

现在你明白了狗是如何学习的，它会重复能带来积极结果的行为，避免或者不再做相反的行为，就请准备驯狗吧。

为什么要驯狗

为什么我们要花精力从一开始来驯狗？如果你不准备参加各种狗类竞赛，那么驯狗

驯狗的最好理由，是加深你们俩之间的联系。学会选一只狗，就是学会和它交流。交流是一种优秀的训练，交流能够建立和强化你们的关系。只有当我们和对方能够进行交流时，才能学会理解它，找到让它做对事情的方法，和它建立一种特殊而持久的关系。通过本书，你将学会开发积极的以奖励为基础的训练模式，通过一起工作，彼此交流，加深你们之间的信任。然而，最重要的是找到乐趣。最终，你将会和你的狗建立一种很好的足以让其他人嫉妒的关系。

狗。和一只训练有素的狗一起生活会更加轻松，也会更加放松；和一只拖着你走路的狗一起散步并不有趣，也并不轻松，你得努力牵着它，也许一只胳膊很快会变得比另一只长很多。散步时，对着草丛不断地呼唤却毫无作用，企盼那脱缰的狗最终能回来，这种体验是令人崩溃的。看着你的狗围着老奶奶和小婴儿兴奋地跳来跳去，这样既没意思，也不能改善家庭关系，只会带来很大的压力和争论。

养一只狗确实能让你的生活变得更好、更有趣、更欢乐，然而这一切只发生在一只训练有素的狗身上。

为什么你的狗应该按照你说的去做

驯狗的秘诀在于找到适合你的狗的奖励。每一只狗都是与众不同的，训练时最简单的驱动力就是食物。每一只狗都有它自己最喜欢的东西，也许是美丽的小点心，也许是做游戏，也许是出去散步，也许是玩最喜欢的玩具。知道狗的喜好，意味着你可以训练它做任何你想让它做的事情。花时间确定你的狗真正喜欢的东西，按照它的偏好列出清单。

一旦你有了这样的清单，就可以用它激励你的狗，也就能轻松地训练它。在这个阶段要知道，轻轻地拍它，夸它一句"好狗狗"并不能让你的狗得到满足。我们自以为狗很崇拜主人，以为轻轻地抚摸也是奖励，但事实不是这样。有一些狗并不喜欢被抚摸，它们忍住了这种不高兴，只是为了让我们高兴。对这些狗而言，轻轻地拍拍它，在训练中并不是一种奖励。对于大多数狗而言，轻拍是可以的，但它不足以让狗狗们努力工作。奖励应该是狗狗真正看重的东西，这些东西是在狗的进化过程中就被定义为靠努力工作而争取到的重要资源。

在本书里，我们最常使用食物来训练。有人认为不应该贿赂自己的狗去做事，他们希望狗狗按要求去做事，是因为这能够取乐人。请忽视这种言论。首先，适当的食物不是贿赂，而是一种奖励。试问哪个人愿意没有薪水地去工作呢？其次，记住积极的驯狗理论，狗狗会重复某些行为是因为它们因此得到了奖励。若希望自己的狗做事情是为了取悦人，但利用的方式是大声咆哮、鞭打狗狗、惩罚它们。这样的生活真是灰暗。

我说过使用食物作为奖励，不是一种贿赂，但这二者有何区别？如果你想成为一个优秀的训练师，理解这一点是十分重要的。当狗狗轻松自然完美地完成了某件事之后，你给予的东西叫作奖励，而贿赂更接近胁迫。举个例子。一个男孩对妈妈说："我已经打

盲目地给狗狗食物是愚蠢的。

坐下的奖励。

扫完房间，过来看看现在房间多干净啊。"妈妈说："干得好，谢谢，你真是一个好孩子，这里有一盒巧克力，这是给你的奖励。"那么这是奖励。妈妈的感觉也很好，因为奖励是孩子自己挣的，而且妈妈因为他打扫了房间而倍感高兴。男孩会觉得自己的努力得到了认可，就会更喜欢做这件事情。这是一个双赢的场景。对比一下，若妈妈对儿子说："去打扫你的房间，都乱糟糟了，我真的需要你来清理。拜托，现在你去打扫房间。如果你能清理干净，我会给你一大盒巧克力。"这就是贿赂，既会让这位母亲感到愤怒，因为是贿赂了自己的孩子，也会让她的孩子感到不高兴，因为他在做自己不愿意的事情，认为这不是奖励，而这种打扫房间的行为也几乎不会被重复，除非妈妈提供更多的巧克

对某些狗而言，没有什么比玩游戏更有价值。

力。

现在你要因为狗狗出色地完成了任务去奖励它，而不是贿赂它。这意味着，一开始你告诉狗狗希望它做什么时，不要用手上的食物去训练它。把食物放在附近的小罐子里，随时可取，这会让你的狗专注于你而不是食物。当你的狗学会了新本领，可以减少奖励，不要担心你的狗只会在有食物的时候去做你要求的事情。有人以为完成了驯狗内容，便

告诉我狗狗能做什么，可是却在它的鼻子上放着一大块点心，没有什么比这种情况更让我担心了。

如果你的狗狗很挑食，则需要找到对它而言更有价值的东西。蒜味香肠、奶酪、热狗，对于大多数狗都有用。你也可以自己制作美食（可参照后文的食谱），这样更健康、更便宜，而且利于上厕所。但应该在狗狗感到饥饿时进行训练，而不是在饱餐之后。

有些狗是典型的吃货，那么你可以训练它们对食物少一点期盼，否则会让胃来掌控它们的大脑，无法集中注意力。如果你在陌生的地方或者有障碍物的地方进行训练，则要提供更高价值的美味。

有些狗对玩具的兴趣胜过零食。这种情况下你可以用小游戏来奖励它们。然而这样会打乱狗狗的注意力，影响后面的训练。所以，要努力让你的狗为了美食而工作，不然你们的训练时间只能缩减到一刻钟。

提示：如果你对狗进行了大量的训练，也提供了很多小零食，那请记得减食，否则你会拥有一只训练有素但非常胖的狗。

肝脏蛋糕 / 鱼糕食谱

注意：这道自制点心会让你的厨房闻起来有股怪怪的味道。

配方

1~1.5千克的猪肝或者白鱼肉，或者两者混合。如何选择，取决于狗的喜好。

3~4枚鸡蛋。

几段新鲜的迷迭香。

1汤匙大蒜粉（15毫升），或者新鲜的大蒜，约3瓣。

750克面粉，如果你想让零食看上去更厚实，可以加一点燕麦。

- 把内脏、鸡蛋、迷迭香、大蒜混合在一起，捣成糊状。
- 用大容器混合面粉，面粉需要过筛，避免结块。
- 把混合物放在涂好油的烤盘上，厚度约为0.6厘米，放入烤箱烘烤（220℃），直至烤熟。烘烤时长约30分钟。
- 冷却，切成小块。像比萨一样的小块是比较理想的形状。

提示：请冷藏保存（如果能尽快使用完毕），或者冷冻保存。

社会化

要阻止狗的大多数行为问题，你可以做的第一件事情是让小狗接受社会化。小狗有一段很重要的社会化时期，即从被你带回家的那一刻起，直到它14周大。

在这个时期，它遇到的事物和经历过的积极体验，都能够被接受。那些没有被善待的狗，如果经历了恐惧和怀疑，这种糟糕的体验可能影响它的一生。对未知的恐惧是自然的。如果在社会化时期没有足够的阅历，那么当新的事物出现时，它不能判断其是安全的还是危险的，是好的还是坏的。很多狗会因此犯错或者做出可怕的行为。

这段时间并不长，所以你需要非常积极地确保你的小狗能够见到听到，以及经历一些将来可能会出现在它生命里的东西。在最初拥有小狗的几个星期里，你会变得非常忙。

这就是为什么一定要确保你所选的小狗是住在繁育者的家里的。这样它就能在那样一个重要的时期接受普通的家庭噪声，比如洗衣机、电话和吸尘器的声音。如果你有小孩或者养了猫，让这些人和动物出现在小狗的早期生活环境中，也是十分必要的。

有太多的东西需要填充到小狗的社会化进程中。这里只是其中一部分。记住，展开你的想象，让小狗在社会化时期接触大量事物。

- 人群：包括男人、不同年龄的小孩、不同肤色的人、戴帽子的人、有胡子的人、拿伞的人、骑自行车的人、坐轮椅的人、慢跑的人、快递员……任何你能想到的人。小狗不光要见到这些人，还应该与他们进行积极的互动。他们应该给小狗喂一点零食或者和它做个游戏。当小

宠物犬课堂

狗在这些人面前表现很好时，你应该给一点奖励。

■ 其他狗：同一品种的狗、其他品种的狗、小狗、成犬、大型犬、小型犬、脸部扁平的狗、断尾的狗……任何你能找到的狗。确保这些狗都很友好，能进行积极的互动见面，不要让小狗和大型犬或者成年犬进行危险的游戏，它们可能会威胁到小狗。加入小狗社会化培训班，这样你的小狗可以在一个可控的环境里和其他同龄的小狗一起玩。让你的兽医推荐宠物犬培训班。这些培训班让你有机会询问专家关于你的疑虑，或者你想知道的事情，也让你有机会开始一些基本的培训。

■ 其他动物：猫、马、羊、牛……你的小狗将来可能接触到的所有动物，它们应该可以被控制且情绪平静。为小狗良好的行为提供足够的奖励。

■ 噪声：很大的说话声、火警的声音、汽车鸣笛声、打雷声。如果你不能从自然中找到这些噪声，没有机会让你的小狗去熟悉它们，那你可

以买一张CD，在白天比较合适的时候播放，比如它吃饭的时候和玩耍的时候。这样小狗就会对这类声音不过于敏感。噪声恐惧症对狗而言，是很可怕的，会导致难以名状的恐惧。你要确保，你的小狗长大后了不会有这种经历。

■ 生活环境里的其他事物：火车（不管是在外面看到火车还是坐火车）、汽车、巴士、货车、酒吧、商店、桥上或者穿桥而过。你能想到的任何地方。

　　幸运的是，对一只小狗进行社会化教育并不难，没有什么比小狗更可爱的事物了，你会发现只要你提出请求，大多数人都愿意帮助你。实际上，更困难的是让他们把你的小狗还给你。

　　在小狗来到家里的最初的几个星期，你需要做一个重要的决定：你要把它带出去多久？请记住，它还没有接种疫苗。我的观点是，因为社会化时期是很重要的，大多数狗因为坏的行为被送到救援中心，接受安乐死，而这些都能被很好地社会化所预防。当然，这种遭遇也要好过死于疫苗接种不力导致的疾病，或者是你每天通过鞋子和衣服带回家的寄生虫。你只需要明白这一点，即当你的小狗和大狗进行社会化时，这些大狗都是打过疫苗的。你要和你的兽医确认这一区域是否有传染病暴发。如果你不确定或者担心这种风险，请带小狗离开。

　　一旦让你的小狗在它最重要的生活阶段接触了大量事物，你就能帮它避免很多行为问题。记住，用进废退。在狗的一生中，都要进行社会化教育，以便偶尔提醒它这个世界是多么美好。这一点，对其他狗来说也很重要。有的狗在进入青春期后，对其他事物的态度会发生转变。你要确保你的狗在经历这一时期时不要怀疑其他狗。最好的方式是保证你的狗的社会化互动是频繁且积极的。不要和陌生的狗玩耍，避免发生冲突，坚持上狗狗培训班，和其他的友好的狗做朋友，与它们一起散步，确保有人陪伴。

　　这是对你的小狗最好的教育。不要吝啬，因为后期你不会再有这样的机会了。

抚触

从你把小狗带回家的那一刻起，你要让它习惯被你和你的家庭成员摆弄。花时间摸摸它的耳朵，揉揉它的爪子，给它梳理毛发，摸摸它的额头，给它翻个身，检查口腔，和它做一些傻傻的事情，确保在被你抚摸和摆弄的过程中它很开心。在这个过程中及结束后给它一些好吃的小点心，这样它就能学会享受这个过程，并视为乐趣。这就是一只宠物犬的全部生活。

如果它有一丝不高兴，可以给它一些真正的美味。回到它还处于开心的状态，直到它不舒服的那个位置为止，然后很快地给它点心。无限重复，直到它知道把玩可以带来好吃的东西。确保你绝对不会以任何方式伤害它，不然你要把这项培训往回跳很多步。

如厕训练

如厕是你要教狗学会的第一件事情，也可以为接下来学任何技巧打下良好的基础。如果你一开始就能做对，让狗相信你，相信你的判断，后面的事情也会变得更轻松。

尿尿和拉臭是幼犬的两大工作，很多饲养者都会面临这个问题。他们总是担心它拉得太多，拉得不够，或者拉错地方。

好消息是小狗天生就会如厕。如果你在小狗3周大的时候观察它的小便，你会发现它的妈妈已经教会它要在远离床或者睡觉的地方去上厕所。然而坏消息是，当我们把它带回家，我们并没有像它的妈妈做得那么好。

我们如何保证自己能够做对呢？很简单。像狗妈妈一样教导，遵守这个规则。

小狗们已经学会了不在睡觉的地方上厕所。不明白这一点的小狗通常是在农场里长大，或者是在养狗场长大的。在选狗时，我一再强调，要确保小狗在个人家庭里长大，这能帮你避免很多问题。

如厕训练的秘诀在于限制小狗睡觉的地方。如果它晚上可以进入房间，很容易选择房间的角落当作厕所，同时保持床的干净。

■ 购买一个狗笼。我们觉得它像监狱，可小狗会把它看作是安全的地方，保护它远离严苛的新家生活。

■ 确保笼子的舒适度。可以从口碑不错的宠物商店购买专用床垫，让小狗觉得舒服温暖。当你和小狗玩耍时，把门打开，鼓励它进入笼子追玩具、吃点心，让它觉得在笼子里是开心的。这里有一条铁律：当小狗进入笼子时没有人可以打扰它，这里就是它的安乐窝。

■ 让它在笼子里进食。它吃饭时，你可以关上笼门。无论什么时候，只要小狗睡着了，就把它放进笼子，这样当它想睡觉时就会习惯去那里。这就是它的特别的睡觉场所。一旦睡在笼子里能让它感到开心和放松，它就能在那待一整晚。对于大多数小狗而言，这个过程不会太长。绝大多数繁育者已经用笼子训练过，所以它不会满屋子乱跑。如果你也准备了笼子，后面的工作也会变得简单很多。

用笼子训练小狗，可以简化如厕训练。小狗不想弄脏笼子就会努力憋尿，然后像它妈妈教的那样在外面找厕所。

然而，你要知道小狗并不能坚持很长的时间，你也不应该盼望它能如此。所以，你要发挥自己的作用。以下是给主人制定的规则：

◆ 18:00以后不要喂食，这样大便的量就不会太多。

◆ 在它最后一次上厕所之后尽可能晚一点带它出去，23:30或者更晚。

◆ 如果半夜你听到小狗醒来，请带它到外面去。

◆ 早点起床，大约6:00，直接带它出去。

◆ 等你的小狗长大，开始明白这一点时，你可以慢慢地增加它的独处时间。

这种方式让你无法睡到天亮，但是能减少小狗犯错的概率。小狗犯的错误越少，它的如厕训练就越成功，你就越能早点获得完整的睡眠。相信我，值得这么做，尽管前几个星期看上去不是这样的。

白天要保持警惕。识别小狗什么时候想上厕所，其实很简单。它们在上厕所之前会开始转圈，四处闻闻，你要学会识别这些特殊的信号。此外，还有很多明显的如厕时刻，比如睡醒后、玩耍后、吃饭或喝水后。

在这些重要的时刻，把小狗带到外面去，带到你想让它上厕所的地方，如果这段距离很长，可以抱着它，否则它继续转圈。不管何时带小狗出去尿尿或者大便，请耐心等待。小狗是非常容易受光线、声音、移动的物体影响而分心的。不管它有多么想上厕所，如

果其他事物看上去更有趣，它会马上忘记上厕所这件事。

当小狗上完厕所，请说出你的上厕所的专用命令词。"便便"是一个很好的词，你也可以选其他词。上完厕所，每次都要奖励它一个零食或者一个游戏。它就会明白，你永远喜欢它上厕所。

记得随身携带垃圾袋，随时清理，不管是在花园里，还是在外面。

如果你发现小狗准备进房间，就把它抱到你选择的户外，让它安静地继续拉臭。如果出现意外，要及时清理。消毒剂或者传统的家用清洁剂并不管用。你闻起来觉得已经干净了，但你所做的只是消除了气味，对于狗狗灵敏的鼻子而言，这块地闻起来仍然像一个厕所，会诱使它继续在那上厕所。兽医会给你一瓶基础酶清洁剂，它能彻底去除气味。

不要因为狗狗犯错而惩罚它。这些小错误是由于你监管不周或者是期盼太高而造成的。当它做对事情时，不要吝啬你的赞美；当它犯错时请忽视掉，因为犯错而遭到训斥的狗会产生很多问题。狗不会理解你是因为

几小时前发生的事情而训斥它。当你对它大声喊叫时，它看上去很内疚，其实它只是看到了你的生气，在对你说话的语调做出反应，可是它并不知道原因。于是它开始担心每个早晨的起床，因为最近它总是被训斥。有的狗知道是因为尿尿的地方不对而惹恼了你，它会倾向于吃掉便便，确保你不会发现。还有的狗狗会选择憋住尿直到实在憋不住，结果更加糟糕。就因为你不愿意被打扰，不愿意损失几个小时的睡眠时间，而让你的小狗经历很大的创伤和压力，这样是不公平的。小狗所拥有的只有这些，如果你不能现在投入到这份工作中，请养一只成年狗，或者就养一个玩具吧。

让小狗的生活尽可能简单，它只是一个小宝宝，需要感觉到家庭成员的新生活是有趣的，不会因为潜在的失败而害怕。如厕训练是一件你要教给小狗的非常重要的事情，它越相信你，你和它将来的关系就会越好。

如厕训练中的问题

从小狗开始训练。教小狗上厕所比较简单，但不是所有狗都这样。如果你从救援中心领养了一只狗，你永远都不会知道它的如厕训练表现得怎样，直到你把它带回家。

成犬没有经历良好的如厕训练的原因有几个，但是知道原因只会让你理解这个问题，并不能帮你解决问题。最常见的原因是，一开始的如厕训练没有被恰当地执行，或者这只狗生活在养狗场，从来没有学会如何清理房间。还有其他的原因，比如在农场繁育的

小狗没有机会离开睡觉的地方去上厕所，所以它没有经历过妈妈的教导。还有一些医学问题，导致狗无法清理自己的房间。

再说一遍，预防胜过纠正。

- 当你带回家一只狗，要明确设置上厕所的地点。大量事例证明，被领养的狗并不清楚主人为它设定的厕所地点。也许你很清楚厕所位置，但对它而言不是这样的。
- 它回到家后，带它去规定好的厕所区，等待。它应该会如厕，特别是经历了一段很长的回家的路程。如厕后要及时奖励它。
- 从回家第一天起，限制它可以访问的房间区域，预防它犯错。吃饭后、刚睡醒时、游戏结束后，只要它想上厕所，请尽快带它到目的地。每天固定时间点。
- 只要它在正确的位置上厕所就给予奖励，不管是在散步时，还是在花园里。
- 如果它犯错了，不要惩罚它，安静地清理即可。
- 不要期待奇迹很快出现，要有耐心，在最初的几天，只要狗狗做得对，都要给予表扬。

然而，狗狗还是会因为各种各样的原因出现上厕所的问题。如果你表现出沮丧，它也会很快感到沮丧。主人保持冷静和放松，这很重要，不要把它当作什么大事情。毕竟，你的狗不是故意这样做的。担心、沮丧、烦躁，只会把事情弄得更糟。

矫正

- 带狗去看医生，检查是否存在医学原因。
- 如果医生判断它是健康的，请确保你已经彻底清洁过狗在房间里如厕的每一个区域。
- 如果随地如厕是发生在晚上，请限制狗狗睡觉的空间。空间太大，会让它不停徘徊，而不是在固定位置睡觉。使用笼子，能让事情变得更

■ 只要在外面上厕所就要给予奖励。如果它不愿意出门，请把沾有它的排泄物的报纸或垫子放在它的厕所区，它会认为这是它曾经如厕的地方，所以它乐意再去。

■ 它做得越成功，得到的奖励就越多，它就会变得越自信，整晚不上厕所的习惯就会保持得越好。

■ 如果上厕所的问题发生在晚上，请在半夜起床带它出去。如果发生在白天，要么使用笼子、婴儿护栏，把它限制在和你同一个房间，这样你可以盯着它。确保你可以在固定的时间带它出去，这样你有很多次可以奖励它做对的机会。

■ 学会识别它要上厕所的信号，第一时间带它出去。

■ 如果你一整天都在工作，没有时间陪伴它，那么你为什么养狗？

■ 如果你离开它、不能照顾它，是不可避免的，就请让你的朋友或者是狗狗看护人来帮你，让他们定期带小狗出去走走，奖励它正确上厕所的行为。

■ 让狗觉得就是一个简单的事情，不要期盼太多、期盼太快，要慢慢来。

■ 奖励，奖励，奖励。

简单，让狗慢慢学会接受笼子，让它觉得这是一个安乐窝，而不是监狱。

■ 晚饭必须在18:00之前进行，这样可以防止排尿过多，确保狗的健康。夜晚不能太热，20:00以后不要给它喝水，以控制尿量。

■ 尽可能晚地带它出去上最后一次厕所，让其空着膀胱去睡觉，保持耐心。早点起床，带狗出去。如果不这样做，它的兴奋劲会让它失去控制。

再说一遍，不要因为小狗犯错而惩罚它。为什么？因为当狗犯错时，主人对它的惩罚会让它以后上厕所都会有问题。很多有这类问题的待领养的狗，就是因为在错误的地方上厕所而被惩罚。狗不明白你为什么要惩罚它，特别是当它在半夜或者几个小时之前如厕。在很多情况下，它也不知道应该在哪里上厕所。它所能学会的，是你好像不喜欢尿尿和大便，因为每次你看到它们都会抓狂。上厕所确实是坏的事情，它就会尽一切可能在你出现的时候不去上厕所，因为它总是因为上厕所的事情受到你的斥责。我已经忘了曾经有多少人告诉我，他们的狗狗出去散步时不会去上厕所，只会等着回家了，在房间里如厕。他们认为狗这样做是在挑衅自己，不能理解狗的这种行为。其实很简单，他们惩罚过狗狗，只要主人们一出现，它就害怕上厕所。

当你从狗的角度思考，就能理解责怪它其实是不公平的。你的工作是向狗狗证明你是喜欢它上厕所的，前提是在正确的位置。

第一堂培训课——看着我

狗其实和很多人一样，如果它没有看你，就表示没有在听你说话。这个训练可以让狗在听到你喊它的名字时注意你，叫它的名字意味着要认真听你说话，这是整个培训过程的基础。

有多少次，你曾看见主人对狗大声叫嚷，然而狗却充耳不闻？这种没有目标地对着空气的叫嚷，是因为狗狗从来都没有学会：主人叫它的名字就意味着"听着，有好事情要来临"。这是一个需要教导的重要联系，如果它不关注你，让它做任何事情都是没有意义的。

这个练习可以让你的每一次呼唤都能将它召回。开始吧，这是一个保命的技能。

进行练习

■ 坐在家里，在狗狗没有睡觉时，大声地开心地说出它的名字，注意不是叫喊（记住，狗狗能

听到隔壁香肠掉下的声音）。如果狗看着你，说出你的奖励词，这个词是每次狗做了你想要让它做的事情时都会使用的一个词，可以是"很好""哇"等。然后给它一个小点心。

- 在不同的时刻、不同的地方重复上面的内容。不要用食物来吸引狗的注意，你希望狗看着你而不是看着食物。那些小点心是对它做对事情的奖励，不是贿赂。你需要像变魔术一样变出零食，而不是让它在狗狗面前晃动，期待它没有尊严地看着你。如果狗狗没有看，不要重复叫它，它已经失去了吃美食的机会，只能寄希望于下次快一点。

- 当你每次呼喊它的名字，它都能充满信任地看着你时，你可以加大难度。奖励之前要求它看你 10 秒钟以上。你需要它一直看着你，所以你要对它们微笑，这样，它就知道你很高兴它这么做。大多数狗能够读懂人类的面部表情。但它因为美食而给你做鬼脸时，不要屈服。它只是在为它的美食和奖励而工作。

- 一旦它完成得很好，你可以邀请其他的家庭成员参与。你可以趁电视广告时间，让狗看看是谁在叫它的名字。叫它名字的人往往是给它奖励的人。但请理智一点，不要让儿童参与进来，否则可怜的狗狗最后可能看起来会像温尔布登网球场上的观众。

- 不管在哪里，重复这个练习，持续练习。狗狗不像人，它不会举一反三。举个例子，如果你只在厨房里教狗狗坐下，你的狗狗就会把坐下理解成在厨房坐下。你听过有多少人抱怨自己

的狗在培训班里表现良好，在户外却像一个噩梦？那是因为它只在培训班里学着做练习，而不是在其他地方。

- 一旦狗可以完全执行这个练习，试着偶尔不给它点心。只需说"好的"或者是你的特别词，给它一个大大的笑容，然后转过去看电视。你不会希望狗狗只在你提供食物的时候才会听你的话。当你开始教它新的东西时，小点心很重要，但是很快狗狗就会明白它完成这些只能偶尔得到奖励。也许每 5 次训练可以奖励 1 次。如果没有奖励时，它也能注意你，可以摸摸它的肚皮或者是它喜欢的方式。如果当你停止奖励时，它没有走向你，可以后退几步直到它记起来为止。

- 在其他好事来临的时候，使用它的名字。如吃午饭时，端着碗，放在它面前，叫它的名字，让它看着你。它会因为午餐而更加努力一点的工作，但这只是暂时的。它的名字，开始意味着好事要来了，所以认真听吧。

- 散步之前说出狗的名字。当它看你时，说出你的奖励词，摸摸它的头，然后出门。

- 现在你已经做好准备带它去户外活动了。当你的狗狗在花园里时，重复这个训练。如果它看你，先说出奖励词，然后给它小点心。如果它不这么做，就无法得到奖励。你看是不是很简单？

- 当你带狗出去散步时，培养它看你的习惯，在你停下来时，它也会跟着停下来，直到你继续往前走。这对你进行下一步高级训练是很有用处的。因为它已经习惯用你做判断，会看你是否要求它做什么。

- 现在，无论什么时候，只要你呼唤它的名字，你的狗都会看着你，认真地倾听下一步你会说什么。

坐下

我猜你们一定会问，为什么一开始就要花精力教狗学会坐下？

首先，每次教狗狗学习都能加深你和狗的联系，也有利于和狗建立一段更好的关系。

其次，你教会狗越多的东西，狗就会更加关注你，会看你让它做什么样的动作。否则，它就会想办法自娱自乐。毕竟跳来跳去是不合时宜的或者危险的，特别是当不养狗的人来你家敲门拜访时，他们可能不太喜欢你家这只巨大的毛家伙围着他们跳来跳去。所以要让狗狗准确地完成坐下动作，当人们看到一只狗安静地坐在那，而不是带着泥土和口水跑来和你玩，会觉得更加舒服。当你上下车时、在路的一边时，或者其他任何时候需要多一点控制让你的狗表现出最基本的礼节时，有一只能听你的命令，随时坐下等待的狗，是十分有用的。

提示：抛弃不科学的驯狗方法，不要直接把狗屁股按在地上。为了向身边的朋友、同伴、同事或者孩子展示而把狗推倒，会发生很多问题。首先，狗狗可能恼怒。其次，它会抵制然后顶回来。你为了成功地推倒它，必须使用比它更大的力量，而它不得不屈服于你这样粗鲁的行为。你见过我使用这种方式吗？这听起来是一个很好的培训规则吗？不。如果你想让它退回几步，假设它理解你说的话，它就会很开心地完成这件事情，而不是抵制。培训是要教会狗狗理解你的指令的意思，然后去完成，而不是比谁更强壮，要做到双方有良好的、有效的沟通和相互的尊重。

如何教会它坐下

■ 拿出一块点心，把它放在狗的鼻子前，它知道有食物，就会产生兴趣。

■ 举起这块点心来回晃动，狗鼻子会跟着这个点心走。如果它不这么做，就回到第一步用更慢的速度移动点心。

■ 当狗的鼻子跟着动时，它的屁股就会往下坐。

■ 当它的屁股坐在地上，轻轻地说"坐下"，给它一块点心。

机。第一次坐下后不提供奖励；当狗听从你的命令，让它再一次坐下。现在你的狗会凭着热情工作，而奖励只是偶尔的行为了。

- 不论何时何地，要重复坐下的练习。记住，狗不会举一反三。

- 当狗理解了这个想法，便进行下一步。拿出点心，然后等待。如果练习得足够多，狗会发现只要当它的屁股碰到了地面，它就能得到奖励。不要不耐烦，尽可能长时间地等待，直到它理解了这一点，记住要奖励它，带着热情说你的奖励词。在狗坐下时说"坐"，不要在这之前说出，尽管这很诱人。你的狗只是学会了什么是"坐"，你应该让狗明白，"坐"意味着现在就坐下，而不是等你重复五六次之后再坐下。

- 不拿点心，然后重复一次，当它坐好以后用点心奖励它，可以把点心藏在身上，像变魔术一样变出来，这是奖励，不是贿赂。

- 现在你可以用提示词来命令它坐下。拿着点心，没有任何诱惑的行为。安静地说"坐下"，就这一次。当它这么做，奖励它，不管它花了多长时间，但是只说一遍。

- 一旦你在任何场所、任何时间都能完成这项练习，你的狗就算完全学会了。现在你可以减少奖励的次数。你不会希望自己的狗只为食物而工作。奖励之前让它完成2次坐下，然后3次，然后4次甚至更多，让你的奖励变得更加随

- 之后你可以让狗为了生命中美好的事物更加努力工作。在放下它的食盆前，先要求它坐下，午饭就是奖励。现在你的狗不再把你当作免费的餐票了。

- 在任何场所都要使用命令词进行坐下练习，每次都进行奖励，然后变成偶尔奖励。如果你的狗在新的地方感到困惑，就退回到前面的步骤。

趴下

你已经开始收获这项培训的果实了。现在只要你对狗说话，它就会关注，当你要求它坐下它就会坐下。我说过，驯狗不是精确的火箭实验。现在我们要进行下一项训练——趴下。

我们为什么要花精力教狗学会趴下

趴下将会成为狗狗表演科目的另一个主要内容，而且你教会狗的东西越多，越能加强你们之间的关系。更重要的是当你吃饭时、

有访客时，或者只是想安静一会儿、看一看电视，让狗趴下，要求它安静，是难得的恩赐。趴下的狗不会带给客人一身泥泞，也不会让茶洒了。

　　狗已经学会坐下，这样很好，至少你已经完成了一半的趴下训练。现在你只需要让它的前半身也趴在地上。

是否记得我们教它坐时，不用推和拉的方式。那么它学会趴下的过程也是一样。如果你用推拉的方式，狗会用相反的作用力抵抗，那么胜利者将是最用力的那一方。这不是科学的驯狗方法。训练是一场力量和意愿的斗争。我们想让狗做我们要求的事情，是因为它也想做，而不是因为它不想做我们就把它按在地上。看这只狗有多么不情愿被按在地上。

如何教它学会趴下

■ 等狗坐好后，拿出小点心放在狗鼻子前，让它感兴趣。

■ 然后把点心放在地面上，这样狗的鼻子会跟过去。

■ 请把点心直接放下，不要从狗的前面离开。如果你那样做了，狗会站起来跟着点心走。

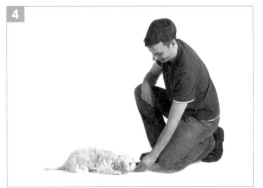

■ 如果很幸运，你的狗已经趴好了，你便说"趴下"，让它享用小点心。然而更多情况下它只是坐在那里把头贴在地面，闻闻你的手心。如果它这样做，就在掌心放小点心，然后平放在地上，等待。对它而言，用趴下的姿势更容易拿到点心，在那一刻说"趴下"。记住，给点心的时候要非常热情。

■ 直到它真正完成了趴下，再说"趴下"这个词。你这是在告诉它"趴下"是指完全趴在地面上，不是坐下把头放在地上努力地去够食物。记住，它并不懂人的语言。

■ 重复这个步骤，直到它明白只有当它趴下才能得到点心，而且是只要做到了，就能马上得到点心。

■ 当它完全学会了，开始试着不要一直把手放在地上。在这个时候，大多数狗已经足够聪明地知道为了得到美味的零食，需要再趴下。在它趴下的时候，说出"趴下"的命令词，反复练习。

■ 当狗明白这个训练的真谛后，手里拿着点心，等待。这样狗会明白，只要它按照你的要求趴下，就会有好吃的点心，你还会夸它是个天才。这期间可能需要你耐心等待。它确实是个天才，因为你们俩在交流，它也在使用它的大脑。这就是你所期待的关系。它猜到你想要什么，然后你奖励它。完美！

个步骤，告诫自己不要进行得太快。

■ 当它完成这个动作，你再说出"趴下"，不要提前说。

■ 当它确实学会了，你若只使用提示词让它趴下，它也会愉快地遵守。如果它不这么做，请等一等，给它机会，让它使用自己的大脑，对有的狗而言这需要一些时间。不要重复使用命令词，只说一遍。如果它没有这样做，返回几

个步骤，告诫自己不要进行得太快。

■ 练习，练习，练习。在任何地方都要进行这个练习，而不仅仅在一个单一的房间。你在教你的狗狗"趴下"，这意味着在任何地方都要趴下，而不是只在现在的这个房间。这就是为什么很多人教会了狗狗在一个地方趴下，但他们的狗狗去了别的地方却不知道怎么做时，他们就会感到很困惑的原因。

■ 现在你已经成功地教会了狗理解什么是"趴下"，就可以减少奖励次数。趴下两次再给予奖励，先是趴下一次，然后转移到别的地方，那时你的狗狗会跟着你，再要求它第二次趴下。然后要求它第三次、第四次趴下，但是记住改变你要求的次数，这样狗就猜不出什么时候才有奖励。

■ 最后，只有进行了10~20次趴下之后你才奖励它，或者是只有你想奖励的时候才奖励。即便你的狗狗是这方面的专家，也只偶尔奖励它的趴下行为。这样是为了保障它工作的热情，让它知道你始终会欣赏它所付出的努力。

召回

也许狗狗钻进灌木丛后会消失得无影无踪，只留下主人在外叫喊，这很常见。当你叫唤狗时，它没有理由不回来。这也是你应该教会狗狗的最重要的事情。

好消息是当你教会了狗狗"看着我"这个练习时，你已经具备了召回的基础。如果在狗狗的生活中，你还没有教它任何东西，你就要在这上面花大量的时间。这可能是一个救命的武器。

我总是惊讶，有的人没有做过任何召回练习，就敢让狗跑得无影无踪。我希望当他们大声呼喊时，能够把狗召回来。很多狗可以被召回，因为它们是非常友好的，会想你到底为什么发出这些噪声，也许你感到疼痛？但它们并不理解你狂热的怒吼，也不理解你挥动的臂膀，究竟是要对它们做什么。通过练习，你的狗很快就会学会，当你叫它们回来时它们必须回来。

如何召回狗

■ 召回训练其实很简单，因为当你呼唤狗的名字，让它关注你时已经完成了第一步。

■ 第二步：说出狗的名字。当它看着你时，摇晃手里的点心，当它过来时说"来吧"或者"这儿"，也可以是你想召回它的任何一个专用词。

■ 当它走向你后，用手指勾着它的项圈，说出你的奖励词，给它小点心。其实只要在广告时间经常重复就可以。当你时不时地重复这些练习时，狗会学得又快又好。如果你每天晚上在广告时间都进行训练，会比大多数的狗狗主人做的训练都要有效，而且也更有成果。

■ 加深训练。你和狗站在房间的一头，向它展示你手上的点心，并在它鼻子上晃一晃，然后你走到房间的另一个角落说"来吧"，当你让狗停下脚步时，给它点心。现在你在教它"来吧"意味着来我这儿，会给你好吃的东西。

■ 现在狗理解了这个规则，你可以试着做一些真正的召回。当狗在房间的那一头，叫它的名字引起它的注意，然后叫它过来。当它这么做了，就说出你的奖励词，给予它奖励。如果它没有过来，就不要重复，它已经失去了得到奖励的机会。你不是在训练它要等你叫了六七次以后才过来。所以，回到前面的一步再开始。

■ 现在可以让其他的家庭成员参与进来。让他们试着召回狗，也给狗奖励。我把这个练习叫"乒乓狗"。要多次练习，让它成为狗和你的家庭之间有趣的游戏。

■ 一旦狗完成得很出色，请练习 3~4 次后再给予奖励。记住，当我们使用食物进行训练时，我们并不希望只有手里有食物时狗才听我们的命令。

■ 和不同房间的人重复这个训练。

■ 要永远因为好的事情而召回狗。叫它去吃饭，叫它去散步。不要因为它不喜欢的事而叫它。如果你要打算做它不喜欢做的事，就走过去抓住它，而不是叫它回来找你。召回应该永远都是让狗乐意做的事。

- 现在你可以把训练移到花园里，在户外进行"乒乓狗"的练习。先进行近距离训练，因为户外有更多的障碍物，然后慢慢增加你们之间的距离。记住，要把它变成一个很好玩的游戏。
- 改变提供点心的时间。有时每次都会给奖励，有时要做了四五次召回才给奖励。当它变得非常优秀时，试着做 10 次召回再给奖励。在这个阶段，只要它能很快回来，就要给予奖励。

- 现在你要去真正的户外进行探险，因为这是召回的意义所在。重复你所学的所有步骤，适当增加户外的障碍物，多次练习，直到每次狗都能被召回。
- 改进召回的小贴士：当你决定要把它带回家时，不要在每次散步结束时召回你的狗。每次散步都要召回它30~40次，然后给它点心或者和它做个游戏，再让它跑出去玩。如果你所做的都是让它扫兴，那它为什么还要回来呢？

- 当你在散步结束时召回狗，不要晃动你手上的牵引带，告诉它现在要带它回家了。应把牵引带藏在身后或者是放在路边，然后像平常一样召回它。

- 重要提醒！当你把狗叫回来，在给它点心之前，要用食指钩住它的项圈。否则它会拿起零食转身就跑得远远的，让你捉不到它。

现在你知道这个方法了。只需要一点点努力，你就可以拥有一只每次都能成功召回的狗了，等下次你看到别人漫无目的地对着草丛叫唤他们消失的狗时，你该有多得意。

不要变得无聊

在户外进行召回时，主人最大的问题，就是整个人表现得很无聊。是的，非常无聊。请换位思考：外面的世界很有趣。有各种味道、光线，可以追赶松鼠，还有其他狗和有趣的人。而你，脚步沉重，十分无趣。这就不奇怪，为什么狗不愿意回到你的身边了。召回的秘诀是让狗把大部分注意力放在你身上，这是优秀的召回最重要的一点。一旦它想要四处游荡，开发更有趣的东西，你就要打败仗了。你应该成为它觉得是外面最有趣的事物。带上狗最喜欢的玩具，兜里揣着好吃的点心，开心一点，跑动起来，躲在树后面，让狗觉得你难以预测。总之，要成为一个让狗愿意相处的人，一起逗乐。

召回问题

召回问题的解决

然而，如果你把狗刚刚带回家，或者你的狗没有学会召回，你该怎么做？

首先，思考你的狗是哪个品种。有的品种是相当难训练的，包括大多数猎犬。对它们而言，明显的气味、跑动的松鼠，足以让它们变成一个聋子，因为你无法提供追逐的乐趣。还有一些边境犬，在很多情况下，你不能松开它们的牵引带，除非在一个完全封闭的环境。这是一开始选择狗时要考虑的问题。

■ 对那些你唤不回来的狗，你需要重新开始，使用一个不同的提示词来训练它。因为狗狗以为，现在你所使用的这个词意味着做你想做的事儿吧，完全忽视我吧。

■ 不要让狗再次脱离牵引带。直到你重新培训，让它完美地学会了召回。从最开始一步一步来，确保每一步都是完美的，使用你的新提示词。养一只不能召回的狗，就可能将它的生命置于危险的境地，所以这个训练是首要的。

■ 当你外出时，请使用一根长长的线拴住它（图1），或是一个可以拉伸的牵引带（图2）。在它看起来忽视你的情况下，你既可以练习召回，也可以管住它。

■ 让你的召回不是多项选择，这意味着你的狗必须在你每次召回时都能回来，而且每次只用召回一次。当你训练它时，明明知道它没有关注你，还要通过反复叫唤而召回是不可取的。比如当它和别的狗说话时、当它调查有意思的气味时。只有在你知道它愿意倾听时才召回它。

- 永远不要追逐你的狗，无论它怎么挑逗你。否则会变成一个你抓不着它的游戏。你的狗会十分开心地跑得离你越来越远。

- 如果可能，朝相反的方向跑，你的狗可能会来追你。
- 只要狗狗跑回你身边，你就要奖励它，无论它花了多长时间。如果你因为一次很慢的召回而惩罚它，那么下一次它会回来得更慢。如果回来等于把自己陷入麻烦，那它为什么回来？

- 一旦你能自信地召回你的狗，就可以松开它的牵引带，但是要继续使用它。
- 散步时经常召回你的狗，给它好吃的，然后再允许它离开。只要它走向你，就要给予奖励。召回不等于散步结束，也不等于乐趣结束。告诉它，你身边是一个神奇的区域，只要靠近你，它就能遇到好事情。

- 用玩具和游戏吸引它关注你。

- 试图藏在树后面，这样它知道要把目光转向你，否则你可能会消失。
- 不要变得无趣。

　　领养回来的狗需要更多的召回练习。外出散步时，看着你的狗消失得无影无踪，并不需要感慨你们关系的脆弱。毕竟你还没有训练它学会召回。

停留

当狗学会坐下和趴下，你可以教它更高级的本领。告诉狗狗，你需要它在某个地方停留更长时间。有时是因为你不得不在马路的另一边停下，而你需要它在那里等待，不要在车流中穿梭；有时是你需要它在某个地方等你，因为有人要来拜访，你只是想让它安静地待在那里，而不是跳向你或你的客人。

让狗狗学会在公共场合安静地坐着或者趴下，意味着你可以把狗带去任何地方。不管什么原因，能够乖乖地待着，是狗狗培训科目中非常出彩的一课。幸运的是，这门课程也很容易学。

如何学会停留

■ 从练习坐下开始，你们要保持同样的进度。
■ 一旦狗可以出色地完成"坐下"，便开始训练"停留"。
■ 让狗坐下，等待5秒钟再给它奖励。

■ 对狗保持微笑，这样它就知道自己做对了，让你很开心。
■ 一旦它能坐5秒钟，就把时间延长到10秒，最后延长到30秒。慢慢来，速度不要太快。"停留"训练是不能操之过急的。
■ 现在你的狗能够坐更长的时间，尝试拉开你们俩的距离。

■ 要求它像之前一样坐下。当你的狗坐好了，后退一步，再回来。如果狗没有动，奖励它。如果狗动了，快速回到它身边，让它坐下，再尝试一遍。你用更慢的速度后退一步，让它明白不能跟随你。在你移动之前说"停留"。
■ 慢慢地把这个距离变成2步、3步，然后更多。
■ 使用手势。举起手，露出掌心。说"停留"，提醒它你没有邀请它和你一起。

- 用十分慢的速度进行训练。这是你第一次要求狗在身边没有你的前提下完成任务，很多狗发现主人离开后会变得有点焦躁。狗想和我们在一起，这是自然的反应。所以你要清楚这个练习是让它不要跟着你。

- 一定要回到狗的身边，不要叫它过来找你。如果它还坐在那里，给它奖励。你是在奖励它一直停留在那里，而不是奖励它因你的回来而围绕着你高兴地跳着。一旦你给了它奖励，说一些轻松的词句，这意味着狗可以移动了，练习结束。"OK"就是一个很好的词，你可以用它结束所有的训练，意味着"放松，你已经完成任务了"。

- 如果狗起身移动了，首先要反思自己的进度是否太快，然后安静地把它抱到原来的地方，让它再次坐下，退回几个步骤，直到它能自信地完成。

- 束。我确实很喜欢懒惰的训练方法！最终，你将可以短时间地离开房间。不过实现这一步要以非常慢的速度推进，因为很多狗都会由于主人的离开而感到害怕。

- 在不同的场所练习"停留"：房间里、花园里、马路的一侧、散步时，甚至还要在有很多障碍物的时候，比如有其他狗和人。

- 一旦狗完全理解了"停留"练习的意义，开始改变每个步骤里的奖励次数。有时候每次都要给予奖励，有时候隔一次奖励一次，有时候要练习四五次才给予奖励。同样还要练习"停留"的时间长度，以及你离开的距离。不要让狗猜到多长时间，或者多远距离你就会回来。也不要让它猜到什么时候可以得到奖励。如果它能够预测你要做的事情，很有可能会破坏"停留"训练。就让它一直猜吧。

- 现在狗能按照你的要求"停留"，在公共场合表现出良好的行为素质，它正在成为一个有责任的狗狗公民。

- 接下来用完全相同的方式可以练习"趴停"。

- 接下来你可以往前后左右等各个方向移动，同时要求狗保持坐着不动。

- 做此项训练时，要么关注狗停留的时间长度，要么关注你离开的距离，不要同时关注两者。

- 看电视时很适合练习"停留"，你可以要求狗狗从广告开始的那一刻坐下，一直待到广告结

- 先练习几次趴下，确保狗能很好地完成这个基本动作。

- 然后要求它趴下说"停留"，配合使用手势，等待5秒钟，然后保持微笑，不管你看上去有多傻。如果它完成了，就给予奖励。

- 循序渐进地练习这一过程，直到你能够等到30秒再奖励你的狗。
- 如果它移动了，温柔地让它趴下，再从头开始。
- 由于这是一个新的练习，所以要奖励它的每一次成功，让它知道你想要什么。

- 现在你可以远离你的狗，就像训练"坐停"一样，让它趴下，然后说"停留"，使用手势，走到另一边，回来时给予奖励。

- 慢慢增加你和狗之间的距离，直到你能穿过房间，然后再回来。再强调一次，如果它动了，温柔地把它抱回去，提醒自己下次不要太快。
- 保持微笑！
- 永远要回到狗的身边，不要把狗叫过来。否则就是在破坏这项训练，会让它以为停留时可以移动。"停留"意味着"不要移动，直到我回来找你"。

- 在不同的地方练习"趴停"：房间里、花园里、散步时、陌生的地方、有障碍物的地方、酒吧里。练习狗狗趴下等待的时间长度和你可以离开的距离。
- 改变你奖励它的次数，让它猜不到你离开的时间和距离，就像训练"坐停"那样。

■ 在户外练习"停留"。

■ 在娱乐的情况下让它等待。

■ 进行距离训练。

■ 如图，趴停的用处。

■ 做得很好。现在你学会了大多数人不会的本领：拥有一只训练有素、懂礼仪的狗，便可以带它去任何地方，它不会围绕你的客人跳来跳去，你会为它感到自豪。

提示：你可以用同样的方式训练站着等待，特别是当你想要展示你的狗时。但很多狗觉得"站停"是很困难的，所以要慢慢来。首先要确保你自己教会它站立，请参考下面的内容。

站立

对很多狗而言，站立似乎是一个难以理解的练习。可能是因为它不认为自己在完成一项任务，但这是一项非常有用的本事。你可以在表演中展示你的狗，或者只是想在见兽医和美容师时让它安静地站着。我是在夏天的狗狗聚会中找到这项练习的乐趣的。不管出于哪种原因，站立是一项很好的练习，应该让狗熟练掌握。

如何学会站立

- 首先让狗狗坐下。
- 把点心放在狗鼻子上，同时慢慢地往下往前移动。这样它会抬起屁股，跟随着食物。
- 当它的屁股抬起来时，说"站"，然后给予奖励。
- 通过重复让狗理解：要得到点心它得屁股离地、站直。

- 一旦它明白这一点，就不再使用点心，而是使用同样的手势。想象，你有一根牵着狗鼻子的线，慢慢地把它往前拉。记住当它抬起屁股时说"站"，这样它就会明白这个词的意思。
- 只要它站立了就给予奖励。
- 多次重复，直到它真的理解你让它做什么。当它做到了，你可以让手势不那么明显。

- 一旦它擅长完成这个动作，就让它学会只听提示词就能完成站立。当它做到了就奖励它。
- 练习，练习，练习！从坐姿开始练习，你也可以用趴下的姿势进行练习。
- 现在要巩固它站立的时间。就像学习"坐停"和"趴停"，要求它站立5秒再给予奖励。
- 逐渐巩固时间，目标是2分钟。
- 现在它能站立足够长的时间去等待医生为它进行检查
- 经常练习。你的兽医会为此感谢你。

寻回

很多人不明白，教狗狗学会寻回有什么作用。其实没有什么比寻回游戏更能提升散步的质量了。如果散步时不玩游戏，你们就会沉浸在各自的活动里。你在欣赏乡村的景色，思考人生的意义，而狗是在闻来闻去，开发新事物。

一旦散步时做游戏，狗能得到更多的锻炼，你也能得到更多的乐趣。更重要的，是你加强了你们之间的联系。此外，寻回训练可以让狗在散步时完全关注你，降低它"撒手没"的概率，因为它可能会因追逐林间的松鼠、其他狗或任何比无趣的你更有趣的东西而消失得无影无踪。

在寻回游戏之前你需要思考使用哪一个玩具。不管你选择哪个，一定是你的狗乐于追逐的且愿意归还给你的东西，一些足够结实的东西，可以在长时间的游戏和广阔的户外使用，还必须要安全。

散步时永远不要用棍子。它很诱人，但

它真的很危险。棍子很容易插进土地或者意外的弹到狗的身上造成穿孔、刺穿或者其他伤害。不要以为这永远不会发生在你身上，因为它真的很容易发生意外。

一旦你找到狗喜欢的满意的玩具，使用安全，就可以开始训练了。

如何学会寻回

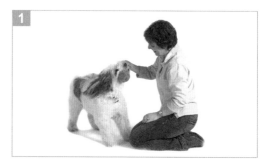

■ 花时间在房间里和狗一起玩玩具，观察它的反应。让它对玩具感兴趣，让它兴奋起来。

■ 把它扔出几米之外，观察它怎么做。它会忽视这个玩具吗？它会在后面追着，然后叼着它离开，不归还吗？它会把它带到特殊角落里啃咬吗？还是会还给你，然后继续游戏？如果你的狗是最后一种，只要在房间里多一点练习，你很快就能在散步路上开始有趣的寻回游戏，并且很好地完成。如果它是前三种表现，那你需要再做其他工作。

■ 不愿意归还的狗是最容易处理的。因为它至少具备了寻回的第一个特点："追逐并抓住它"这部分。最重要的是永远不要追狗。一旦你追赶狗，可能出现两种情况。第一种，狗会逃离，这是它所理解的一个非常有趣的游戏：我有你想要的东西，所以你会来追我。只要你做了一次，你的狗永远都记得这个游戏，然后和你玩这个你并不想玩的游戏。第二种，你追在狗后面会让它相信自己得到的东西十分有价值，那么它要自己拿着。所以从这个时候起，你的狗可能偷一些很有价值的东西。

■ 最好的办法是自己带一些美味点心，背对你的狗坐在地板上。等它变成一个爱管闲事的，它就会过来看你在干什么。

■ 这个时候要给它点心，从它嘴里拿下玩具，说"离开""放下""给我"，或者任何你喜欢的命令词。当然，小点心是作为它留下玩具的奖励。一旦它理解了寻回游戏，归还玩具还能有奖励，它就会愿意再次归还。

■ 如果这个时候你的狗拒绝留下玩具，请忽略这一过程，下一次使用一个它不那么看重的玩具。

■ 另一个方法是扔下玩具，观察狗狗什么时候主动放下它的战利品。大多数狗有一个喜欢的地点用来放它的宝藏，比如靠近你卧室的门。你应该不想把床底变成狗放玩具的地方。

■ 像之前一样用点心交换玩具。但是下次当你扔出玩具时，自己就坐在狗狗最喜欢的地点，这样，你会发现它把玩具带给你了。

■ 当你把玩具扔出去时要说"拿"，当它拿回来时要说"放下"。

■ 当你从狗嘴里取出玩具时，不要变成一场拔河游戏，这会鼓励它更加用力，保护玩具不被拿走。"放下"，就是"放下"，而不应该成为拖泥带水的游戏。

■ 在房间里进行练习，小心地扔出玩具，让狗狗寻回。当你拿到玩具后，可以再扔出去作为奖励，也可以给它一个大大的点心，然后停止游戏。

■ 一旦狗狗擅长这个游戏，你可以进一步尝试在它归还玩具时要求它坐下。

- 现在你的狗会追逐玩具，并且愿意归还就可以去户外冒险。在广阔的户外，所有的规则在狗的头脑里都可能改变，所以要确定你有准确的目标。带上很多好吃的点心和另一个同样的玩具，这样可以替换。

- 把玩具扔出去，不要扔得太远，像之前一样说"拿"。希望狗能够跟着它，把它带回来，就像它在房子里练习的那样。如果它没有归还，你也知道该做什么，不该做什么，只需要重复在家里练习的步骤。

- 等你向它展示第二个玩具，它就会对你手上的更感兴趣。现在你可以和狗一起玩耍，你们俩都会乐在其中。

- 和狗一起玩耍是一种互动，你要像它一样投入。当它寻回扔出的玩具并跑向你时，你可以藏在树后，让它找你。这会变成一个真正的挑战。

- 尽你所能让这个游戏变得有趣开心。现在狗百分百地关注你，而不是四处闲逛，忽略你的练习。

- 散步是你和狗共同完成的事，是让它有更多的练习，而不仅仅是在公园闲逛1小时。

用鼻子触碰

如果狗可以触碰你的手或其他东西，它就可以在你的指引下走到你身边，帮你关门。

现在你要教狗狗学会用鼻子触碰东西。这是我最喜欢的一门训练，不管是对人还是对狗。首先，它符合我对完美训练的全部标准：有趣、操作简单、学习快速，但比我们目前学过的练习，需要狗狗有更多的智慧和解决问题的能力。其次，它能够提醒主人和狗奖励与贿赂的区别。遗憾的是，很少有人理解这二者的区别，所以他们训练的狗只为了食物而工作。最后，也是很重要的一点，它可以让狗学会另一项很有用的技能，我们会在本书后面提到。

第一步是教它用鼻子碰你的手。

如何教它用鼻子碰手

- 确保你准备好了点心，但是要藏起来。
- 向狗狗亮出你的手心。出于好奇，大多数狗会走过来调查一番，然后闻一闻。

- 当它的鼻子碰到你的手时，说"碰"，然后给点心。
- 如果它没有碰你的手，也没有表现出任何兴趣，请在掌心涂点味道香郁的东西，比如芝士或马麦酱。

- 多次训练，直到狗狗擅长这个练习。不管什么时候你对它亮出掌心，它会用鼻子碰你的掌心。
- 教会狗，要得到奖励不是靠盲目地跟着食物，这是贿赂。

- 向它展示你手心里有美味的点心，但是手心要握紧，每次只提供一小口。与此同时，伸出另一只手让狗触碰，不

要太远。

- 等待。可能需要花很长的时间，才让你有零食的手被舔来舔去，但是请坚持。最后，你的狗将停止从你掌心里乞食，因为它不起作用。大多数狗会想着用另一种方式来得到它，最后会得出结论：离开点心，触碰你的另一只手也许管用，就像之前做的那样。

- 当它这么做时，就把食物放在地上。你是在告诉狗前因后果，或者是"离开这些点心，做点其他的事就成了"。这是一种对思考的奖励，不是贿赂，也不是让它盲目地追随食物。

- 重复，直到狗狗每次都能做对。记得每次当狗的鼻子碰到你的手时都要说"碰"。

■ 你现在可以增加触碰的难度。将手从两腿之间抬高或降低，通常很有意思。

■ 狗能跟随你的手，是十分有用的。当你需要它走在你身边，不用通过费力的推和拉就能让它移动。

■ 现在狗明白了触碰的意思，你可以让它学习触碰其他东西，比如教棍。这是一根尾端带有明亮色彩的木棍，能让你完成很多不同的动作。

每次你让狗触碰新的东西时，都要提供点心。

■ 当新的东西出现，狗的第一直觉是走过去调查，所以你要利用狗的这种行为，当它的鼻子触碰到时给予它奖励。只要狗狗去嗅，就说"碰"，然后提供点心。

■ 多做练习。你可以用这根教棍，教狗转圈，跳八字舞。

这是你第一次真正的有趣的训练，也是本书后面提到的掌握高级技巧的基础：有一只可以为你关门的狗。

更重要的是，你教会了狗，要得到点心，就得为它工作，而不是追着它走。这的确值得奖励。

使用牵引带

养狗的人最常遇到的一个问题，就是狗喜欢拖曳牵引绳。看看身边，主人伸着长长的手臂，被粗鲁的狗拽着走，这番景象比比皆是。

如果一开始训练好了，用牵引带牵着狗散步就会成为一种享受，你会成为其他狗主人嫉妒的对象。

毫无疑问，这是最应该教授的一门训练，而且应该从小狗开始教导。但是，如果你有一只习惯拖着主人散步的成年犬，也别绝望。我会教你如何纠正。

从现在起，你要做的第一件事，是不要让你的狗再拖着牵引带了。有时候我们没有时间来训练，有时我们需要快速地走到目的地，在这些情况下，你可以骗骗它。有很多产品可以用在狗身上，避免它拖曳。不要使

用可以收紧的狗链、有刺的项圈，或者其他通过制造疼痛阻止狗拖曳的设备。对狗友好的产品可以分为两大类：头项圈和挽具。如果你养了一只习惯拖曳的成年犬，如果你的背部有问题，无法承受猛地一拉，如果你只是一个身材娇小的人，却养了一只大狗，这两类能提供有价值的帮助。

我个人建议使用头项圈，我用的两种分别是 Halti 和 Gentle Leader，尺寸适合不同犬种，用来控制狗的速度和方向，可随身携带。它们的工作原理比较相似，像马的头具。你能想象在马的脖子上套一个圈来让马停下来吗？

如果狗鼻子比较短，比如斗牛犬、西施犬，你就需要用挽具。挽具的挑选范围很大，宠物店会建议你多试几次，找到最适合的。

然而，这些只是可以帮你规范狗散步行为的工具，让狗养成走在你身边的习惯，而不是拖着你走。尽管它不会让狗窒息，不会让你失控，但是它不能替代好的训练。

是时候训练使用牵引带了。

如何教狗使用牵引带走路

1

- 在室内练习，这里没有障碍物。
- 让狗走在你的左侧。

2

- 把零食放在狗鼻子处，向前走几步，说"跟着"或者"靠近"。

3

4

- 如果狗开始四处游荡，请不要弯腰，要让它看到你手上的零食。记住，走几步就要给予奖励。这样它不会因为感觉到无聊而离开你。
- 在奖励之前巩固你们散步的距离，直到你可以穿过房间。

5

- 如果狗走在你的前面，就用点心引诱它回到正确的位置，再继续。
- 不要用牵引带拉着它。大多数情况下最好不使用牵引带开始训练，这样狗没有可以拖曳的东西，你也有更自由的双手。
- 多多练习！

6

- 一旦狗可以贴着你散步，就停止提供点心。但是记得让点心随手可取，这样你能够及时地因为它在你身边散步而奖励它。

7

- 让训练变得有趣。对狗而言，人狗跳舞模式是无聊的，请改变速度、改变方向来保持它的兴趣。

提示：让小狗习惯戴项圈和牵引带，要慢慢地开始，如果它能戴好就奖励它，并巩固它每次佩戴的时间。

- 现在你可以带狗去户外，从没有障碍物的花园开始，按照第二到第七步进行练习。不管你走得有多快或者多慢，不管你改变了多少次方向，狗狗始终能在你身边散步。记住，让训练变成一个有趣的游戏。像之前一样，如果狗狗走开了，要用点心吸引它回到正确的位置上，然后继续。不要尝试用牵引带把它拉回来。

- 现在你可以试着在真实的散步中使用牵引带。

- 从扣上牵引带的那一刻到解开为止，狗不可以拉着你走。如果它走在你前面，你得拉着牵引带，停止前进，保持等待。等它回来查看你为何停止，引诱它站在你的左边，再继续散步。如有必要请多次重复。

- 用牵引带散步的秘诀是，你要变得有趣，狗才能时刻关注你。如果你只是用同样的速度走直线，狗很快会变得厌烦，你可能会因为它的拖曳而责备它。当你感到狗没有关注你而走到你前面时，你可以改变前进的方向。这意味着要走近你的狗，而不是控制它。如果它知道你没有预先警告就会随时改变方向，它更愿意把目光投向你，观察你要怎么走。

- 在花园散步时，可以改变速度。有时走得很慢，有时突然加快。如果你把它变成游戏，而不是狗不感兴趣的枯燥练习，你就会取得更多的成功，你们俩都会乐在其中。

- 要经常因狗狗走在你的左侧而奖励它。

- 每次散步都这么做。记住，如果狗拉着你走，请停下来。直到它回过头来看看你为什么停下，引诱它或者唤它回来，夸奖它然后继续。你开始不能太快，但是坚持下去，你将拥有一只能戴着牵引带好好散步的狗，因为它知道这是唯一办法。

- 如果你没空训练狗，使用我推荐的头项圈或者挽具，可以避免狗拖曳着你走。

- 多次练习，把训练变成乐趣，而不是一种折磨、一种力量的斗争。

- 在安全的地方，可以不使用牵引带练习。如果狗没有可以拖曳的东西，它将很简单地学会在你身边散步。

- 找点乐趣。

地垫定点等待

　　这是一项非常有趣的练习，它意味着你可以把狗带到任何地方：酒吧、朋友家、公共场合。通过训练，狗只要看到那张地垫，就会走过去趴在上面不动，你也可以把垫子放在任何地方，这样狗会安静地待在那里，不会走丢。一只训练有素的狗总是更受欢迎，我们都想要一只可以带去任何地方的狗。

训练方法

- 狗已经学会了趴下和趴停。如果不能，回到前面的训练，让它们达标。
- 在开始这项练习之前，你需要去当地的商店选一张地垫。基于训练目的，应该选和家里颜色不一致的地垫。

- 准备好点心，把垫子放在地上。

- 当狗开始研究地上这个奇怪的新玩意儿时，你要说"垫子"，然后把点心放在地上奖励它。

- 把点心扔到垫子外，这样它会离开垫子起身去吃。进行这项训练最容易犯的错误：如果把点心放在垫子上，你就得把它推开才能叫它再回来，如果你懂我的意思。

- 当狗回到垫子上，应重复奖励。如果它用一只脚站在垫子上，要给它大量的鼓励。
- 如果它没有走到垫子上，就把点心放在垫子上，当它为了点心走向垫子，你要说"做得好"，给它另外一块奖励，但不要放在垫子上。
- 多次重复，直到它发现这是一张神奇的垫子：只要站在上面，就能得到奖励。

- 每次把垫子放在地上，狗都会走过去站在上面，这时请增加难度。下次它走过去站着的时候，等一等，观察它还会做什么。一开始它会期盼得到奖励，如果你没有这么做，它可能会感到沮丧，但是狗狗可以从沮丧中学习。如果你训练得很成功，它就会发现自己接受的所有训练，都是围绕着如何找到突然变得难以琢磨的点心。

- 狗能理解你是否要求让它躺在垫子上，但我更倾向于狗狗能够自己发现，而不是靠你来告知。它看上去待在那里不动会更好，然而有些狗在最初的几次需要你给它一点暗示。应该让它学会用自己的头脑。
- 如果它选择趴下，给它一个大大的奖励，哪怕只有一小部分身体在垫子上。

- 一旦它发现只有当它趴在垫子上才能得到奖励，便可以重复练习直到狗能完美地做到这一点。记住，只有在它趴在垫子上时才奖励它。
- 大量练习！让它每次看到垫子都觉得自己应该走过去躺在上面。不需要练习时，请小心地收好垫子。

- 现在，在得到奖励之前，请巩固它停留在垫子上的时间长度。办法和之前训练"趴停"一样。从它趴下到得到点心，第一次3秒钟，然后5秒钟，然后10秒钟。
- 记得改变让它停留的时间长度，这样可以让它一直猜。当你在看喜欢的电视节目时，拿出垫子，广告期间让它一直趴在上面。你可以一直观察它，这样你就能知道它是否不耐烦。要确保在它移动之前给它奖励。

- 一旦它能够在上面待几分钟，慢慢巩固它与你的距离，这样它不用一直粘在你身边。一开始离你几十厘米，然后慢慢变远，直到它需要穿越房间才能找到你。
- 我使用命令词"垫子"，意味着走到垫子上再趴下。也可以使用动词，这都取决于你。把垫子放在地上的这个动作，也可以提示狗。

■ 一旦狗可以穿过房间走到垫子上，并在整个电视广告期间都停在上面甚至更长时间时，就可以加入一些障碍物。无论你和其他人在做什么，它都会留在垫子上。你总不能要求酒吧里的人保持静止，以免打扰你的狗吧。

■ 从小障碍开始，你可以围着房间走几步，奖励它没有动。像平时一样，慢慢进行。然后不断地加大难度，可以四处移动、扔东西等。

■ 如果你把垫子推得太远，狗移动了，就安静地把它拉回来，不要急躁。

■ 如果你的狗做得越来越好，便可以把垫子剪得越来越小，直到方便携带，甚至可以只有口袋大小。这样你就可以带着狗和垫子去任何地方，而不用随身带着大地垫。

■ 现在可以去户外冒险，把狗带到酒吧，也可以在家和朋友进行练习。在你们喝酒时，不用担心狗会带来麻烦。

现在，你有了最让人羡慕的狗，可以带它去任何地方，因为只要你放下那块神奇的垫子，它就会安静地趴下，不打扰任何人。

响片训练

响片训练是一种基于奖励的训练方法，对驯狗产生了巨大的影响。我承认我是它的头号粉丝。实际上，我也思考过是否要把响片训练作为一个主要方法来介绍，但最后决定没有这么做。因为普通人会觉得它是高级训练师使用的，但事实并非如此。

对于那些想要尝试的人来说，我建议使用响片训练。本书的所有训练，都可以用响片进行。即便你不确定你想用这种方式，至少可以尝试一下，你会非常惊讶的。

响片训练并没有什么新的东西。它始于20世纪70年代，那时候的海豚训练师发现，传统的驯狗方式并不适合他们。比如，训练师让狗坐下，他们会用可以收紧的项链拉着它的头，然后把它的屁股往下按，直到可怜的狗最终屈服，屁股被强迫按在地上，这个时候在它耳边大喊"坐下"。但是海豚训练师不能推搡海豚到正确的位置。

另一个问题是关于惩罚。传统的训练师可以快速地半拉紧一只犯错的狗，然后大声斥责。海豚训练师却没办法惩罚一只海豚。训练师可以强迫狗进行牵引带训练，但海豚如果不愿意这么做，就会游走。最后海豚训练师找到了一个方法，让海豚确切地知道什么时候它做对了，哪怕是在游泳池的另一端。如果训练师等到海豚游回来吃鱼，它也不清楚自己因何而得到奖励。

于是，他们想到了一组不用推拉、不用惩罚、有趣且容易理解的训练方法——响片训练。

你所需要的只是一个小的塑料盒子，里面装上一个金属的弹簧片，按压可以发出独特的声音，这将成为狗的奖励。每次它做对了时，它就能听到这个响片声，意味着"做得好，你可以得到点心"。

当响片训练开始时，没有一只狗会犯错。唯一的惩罚，是它不能得到点心，所以得再试一次。这就是本书背后的理论。

如何开始训练呢？

首先必须在狗的头脑里，建立起响片和奖励的联系。做到这一点，要先让响片发出声音，然后给狗奖励。记住这不是电视遥控器，它不需要启动狗，不要觉得这很吓人。

重复这个过程，直到狗每次听到响片声都会积极地寻找点心。

在这个阶段，建议不要把点心放在手里，也不要放在袋子里，记住这是训练，不是贿赂。要把点心放在罐子里，放在你能拿到的地方，这样狗就不会盯着食物看了。这是很多想要进行响片训练的训练师经常犯的错误，导致他们的狗只有在他们拿着食物的时候才会工作。

使用响片，可以从教狗学会坐下开始。教坐的训练方法和本书前文介绍的训练方法是一样的。唯一不同的是，当狗做对了时，它可以听到一声响片声，然后得到奖励。

如何使用响片训练坐下

■ 开始之前让狗明白响片意味着什么。

■ 当它对此感兴趣时，抬起你的手在狗的头顶处忽上忽下，直到它抬起头来，屁股向下靠近地面。

■ 当它屁股碰到地面时，不要说话，发出响片声，给它点心。

■ 重复几次，直到狗明白，你想让它做什么，它就会不靠食物的诱惑也能坐下。

■ 等它做到这一点时，不再使用诱惑。让狗学会动脑。

■ 拿出食物，然后等待。狗花不了多长时间就能意识到，上次它坐下能得到食物，它应该再试一次。如果它这么做了，发出响片声，就给它点心，这是最高的奖励。如果它没有这么做，用点心引导它，然后等待。

■ 保持耐心。只要它坐下了，就发出响片声，给它最高的奖励。现在狗能得出结论：如果能让响片发出响声，它就能得到奖励，有趣又简单。

■ 整个过程中不要说话。所以什么时候说提示词呢？只有当你愿意赌上一个星期的工资，狗愿意快速地按你说的坐下时。如果你太快地说出提示词，所有的狗都会认为这个词意味着四处看看，在你说了几次"坐下"后再把屁股放到地上。

■ 当你准备引入提示词时，要在安静的环境下进行。只需要几次简短的练习，你的狗就能够按照你的要求坐下。

■ 一旦它每次都能按要求坐下，你就可以减少使用响片的次数。你一定不愿意在狗的后半生都使用响片声和食物来让它坐下。最好的方法是使用强化时间表。这意味着你有的时候需要在狗坐下2次，甚至3次以后再发出响片声，这样会让狗狗坐得更快。"我做了，你没看见吗？那看我再做一次吧。"让狗狗一直猜测什么时候才会有响片声，但不要太难。不断地发出响片声，每次都要给予鼓励。

这就是响片训练的引导方法。换句话说，在一开始要用食物引诱狗狗，告诉它该做什么。

再举个例子：教狗狗离开你，去触碰目标物。让狗狗离开你去工作，这是一个十分有趣的训练。

■ 准备好响片。

■ 把目标物放在地上，这是专门为这个训练设计的，但你也可以使用其他东西。

■ 当狗过去嗅它时，发出响片声，然后奖励它。

■ 保持耐心。大多数狗会探索新事物，但是如果你的狗不这么做，请耐心等待。

■ 如果它对这个物体没有兴趣，可在上面放上食物，当它过去吃时再发出响片声。

■ 当狗狗知道响片意味着"做对了"，它多半会回去看你是否会再次发出响片声，事实上你也会这么做。

■ 重复，直到你的狗明白要获得奖励，要做的就是用鼻子触碰这个物体。

■ 一旦它明白这一点，你可以在每次发出响片声时都把目标物往后移一步，这样它就能走得更远去碰它。直到它能够移动很长一段距离。

■ 记住不要把点心放在手里，这样狗就不太愿意离开，就会变成只有你贿赂它，它才会去做事。

　　干得好！现在你是一个响片训练师了，很简单对不对？响片是最快的技巧学习方法，现在你可以使用这个方法进行本书中每一个训练。

关于响片训练，我还要提到的另一件事是：成型法，即通过发出响片声和使用点心来塑造行为，以达到你的目的。

■ 比如，要教会狗狗挥手，你要等到它自己去移动它的前爪，或者等它把重量都移动在一个爪子上时。

■ 只要它这么做了，就发出响片声，给予奖励。

■ 等待，直到它移动另一只爪，再发出响片声，给予奖励。

■ 重复练习，直到它意识到移动爪就是它的工作。当它自己主动地抬起爪，给它最高的奖励。

■ 一旦它明白这一点，你可以不再发出响片声，直到它把爪抬得更高。继续，直到它可以挥到你想要的高度。

使用引导和成型这两种方法，你可以进行其他基本训练和大量技巧。唯一能限制你的就是你的想象。

响片训练的规则

如果你发出响片声，就必须给予点心，即便在错误的地方。有响片声，就意味着马上有点心。如果狗狗不相信这一点，响片就没有意义。当你用奖励来巩固练习，只有最后一次重复才发出响片声，再给予奖励。

只用响片奖励好的行为。不可以用它来吸引狗的注意，或者变成一个命令。

在积极的状态下进行训练。如果你发现自己很沮丧或者烦躁，就停下来，稍后再尝试。

结论

当你的狗完成任何基础训练，便可以陪你去任何地方，让你的朋友表示嫉妒。现在，你要开始进行更有趣的事情。

训练提示

■ 只有在你感到开心和快乐的时候才进行训练。所有的训练，对于你和狗而言都应该是快乐的。

■ 如果你的狗没有明白你的指令，这是你的错，而不是它的。用积极的提示停止训练，稍后再试。永远不要对你的狗表示失望和生气。

■ 如果训练师准备了太多的点心，请在正餐时间减少它的食物。

■ 在狗感到饥饿的时候进行训练，这样食物有更大的价值。

■ 让培训课程简短且频繁。每次10分钟，每天3次比较好。

■ 任何地点都可以进行训练。

■ 再次强调一遍，要从中找到乐趣。

3

问题的解决与预防

只有极少数的狗才是完美的圣"狗"。它们天生就是猎人、捕食者、食肉动物，是占有性很强的收藏家，具有高度群居性，同时也是专业的安抚者。这些特征可能会伴随一些行为，一些我们不愿意自己的宠物具备的行为。

狗的自然行为

首先要意识到，我们所认为的狗的问题行为，比如跳来跳去、过度吠叫、挖洞、追赶快递员、咬人、占有、分离焦虑，以及任何你能想到的事情，纯粹是狗的正常行为、自然行为。

在野外，狗的祖先不欢迎陌生人到它们的圈子里吃它们的食物，和它们的同伴一起奔跑，所以对陌生人保持友善不是一种自然行为。野狗会屯集和保护自己的食物，否则它们会失去食物，面临饿死的风险。如果它们吃多了，就会挖个洞埋起来。所以狗的自然行为包括储存食物、挖洞。野狗们会选择集体生活，繁衍，生存。因此，狗不喜欢独自待在家里。

所以，如果狗表现出你所认为的行为问题，不要认为它是一只坏狗，实际上它是一只非常好的狗。一旦你理解了狗为什么会具备这样的行为，就能找到解决方法。问题是你能不能或者想不想包容狗的这些行为。这不是狗的问题，而是你的问题，是你想要改变狗的行为，然后和你住在一起。

我们把狗带回家，但我们与它是两种完全不同的物种，有两种完全不同的需求，虽然我们尝试着一起生活。如果你认同这个观点，就会惊喜地发现其实没有多少问题。

在大多数情况下，预防要好过纠正，所以，你要花时间读完这一章，这样你就可以从一开始做好准备，预防问题的发生，而不是等到问题出现再去解决。要记住，驯狗的第一原则，就是理解狗的学习行为，不要关注那些你不喜欢的犬类行为。

跳跃

跳跃是大多数养狗人会遇到的问题，原因很容易理解。

首先，让我们思考一下为什么会发生这种事情。在野外，互相了解的狗不会通过挥手或者握手来打招呼。相反，当一只等级比较高的狗从外面回来，其他成员会闻一闻这只归来的狗的嘴。就像小狗闻妈妈的嘴一样，这样它就会在一次狩猎远征之后把食物给它们吃了。

当我们回到家里，狗狗变得兴奋的时候，同样的本能会让它跳向我们，或者跳向它愿意见到的人。这是因为我们的脸很高，它为了和我们进行交流，本能告诉它必须和我们的脸一样高。

而我们觉得一只小狗跳向我们是非常可爱的，所以我们不会阻止它。男人和孩子们更是这样，如此便以为是在积极地鼓励它。一天结束后，看到自己的狗热情地迎接自己，没有什么比这更让人觉得高兴了，这种迎接就包括跳跃。

我们为什么要花费精力阻止狗狗跳跃呢？简单。如果它跳向一个不爱狗的人，如果它跳向一个小孩、老人或者虚弱的人，如果它把人撞倒或者

抓伤了，那怎么办？如果它又脏又湿，而你刚换好衣服要出门，那怎么办？

预防

预防很容易，但要求家里的每个人都要这么做。

- 当你的狗还是一只小狗时，要以与它水平的视觉去面对它，和它一起玩，它就不会在第一时间学会跳起来。
- 不要认为小时候可以，长大了就要阻止。和所有的狗狗训练一样，你必须永远保持一致。如果你不想让狗长大了还这样做，就不能在它小时候这么做。
- 不管狗有多大，在它的水平视线上和它问好。这样它就不需要跳起来吸引你的注意力了。
- 告诉它你想让它表现什么样的行为（参考后文的纠正内容）。
- 让你的家人们知道，你不允许狗狗跳起来。

纠正

如果狗已经习惯跳跃，应该怎么办呢？这就是为什么要读这段内容的原因。

- 让狗明白，当它跳起来时，你不会和它进行互动。
- 通过和它玩，再停止玩耍来完成。

- 在它跳起来的那一刻，转身，双臂交叉置于胸前，完全忽视它。
- 当它的脚回到地面时，用点心奖励它，继续玩游戏。

- 多次重复，直到它明白，只有当它四只脚都在地上的时候你才会和它玩、和它互动，这是非常有用的。它跳起来是为了引起你的注意，因为它想和你进行互动，但只有四只脚都在地上时，才能得到你的注意。

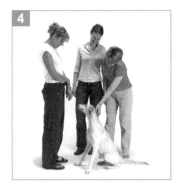

- 让其他人照做，这样它就知道不要对任何人跳。
- 当它和你打招呼时，告诉它你希望它有什么样的行为表现。口头告诉狗不能做什么是没有意义的，你应该向它展示什么是可以做的。
- 离开5~10分钟。
- 高兴地返回。
- 如果你的狗跳起来，完全忽视它，直到它的脚回到地上。

- 告诉它，让它坐下。
- 奖励它，和它热情地打招呼。
- 如果它又跳起来，重复上述步骤。
- 告诉家里所有人做同样的事情。
- 练习，让身边所有的朋友都参与练习。
- 坚持。

- 如果你希望狗通过跳跃的方式来和你打招呼，可以教狗先不要跳起来，再训练它把跳起来只当作一种礼仪。这样你就能控制狗狗的跳跃。尽管我不推崇这样，但我知道有人会喜欢狗用这种方式欢迎自己。

吃便便的恶魔

这是养狗的人都要面对的问题。我能理解原因，因为对人而言，这太恶心了。

然而，我们必须明白这是狗的自然行为，不管我们多么希望它不是。如果你的狗也这么做，它不是恶心、肮脏、可恶，它只是在当一条狗。

然而，我们要破坏狗的这个习惯和行为，部分是出于健康考虑，部分是因为这不受欢迎、不卫生。它要住进我们的房子，接触我们的家具，可能还要和我们亲吻。

狗吃便便的行为有两种：吃其他动物（羊、马、牛等）的便便和吃自己的便便。

- 野狗的自然食谱，包括食草动物的粪便，它们能从中获取所必需的维生素。做好驱虫，这个行为就不会对它造成伤害。你应明白，它没有什么大的过错。有的人总是对狗的这个行为表现出过激反应，而过激行为会让狗相信，便便是非常有价值的资源，每次和你出去都会四处找便便吃。别太在意，你可以用很简单的方式改变它的这个习惯。

- 预防胜过纠正。让狗饮食均衡，所以它不需要摄取额外的营养。

- 要清楚当你们要去的野外会出现什么。如果你允许狗狗看见（或者闻到）潜在的"点心"，用游戏或食物分散它的注意。保持警惕但无须偏执。如果你太在意便便，你的散步会很快被破坏。

- 使用召回，始终用价值高的点心来奖励好的召回。如果狗知道它回来可以得到更好的东西，你就有可能帮它改变这个习惯。

- 如果散步的路上有家畜出现请使用牵引带，因为诱惑实在太多了。

- 如果你实在不能阻止狗吃掉它发现的任何东西，请给它戴上嘴套，直到它改变这个习惯。

- 很多狗只有在青少年时期才这样做，因为这个时候它最大的需求就是额外的营养。狗长大后自然就会改变这个习惯，除非你把它当成一个大问题。

- 另外一个危险的区域是猫砂盘。猫是非常不善于利用蛋白质的，所以狗特别喜欢猫便便，因为它里面富含蛋白质，就像新鲜的肉！对狗而言，猫砂盘简直就是一个快餐店。不要让狗受到这种诱惑。猫的优势是它可以去狗去不了的地方，所以把猫砂盘放在狗去不了的地方，如在梯子下装一扇只有猫能出入的门，或者把猫砂盘放在杂物间狗护栏的另一端。

- 再说一遍，用平静的方式接受狗狗生活中令人恶心的一面。像做其他训练一样，训练你的狗不要吃便便。

还有一种就是狗吃自己的便便。这有点让人担心，因为可能会存在其他问题。例如，它们在如厕训练时受到了惩罚，会以为自己的主人不喜欢便便，如果主人看到便便自己就会受到惩罚。或者是养在外面的狗场的狗，由于无聊而吃便便。有些小狗这么做，是因为它看见自己的妈妈会清洁小狗拉过便便的地方。还有的狗这么做，是因为糟糕的卫生习惯。不管是哪种原因，都可以通过实训和良好的管理轻松解决问题。

- 在狗的食谱里添加菠萝或者小胡瓜。它能让狗的便便味道变差，阻止它们吃。
- 在正确的地方上厕所都要给予奖励，这样你的狗就知道你非常喜欢便便，但是要在它上完厕所之后迅速地清理，让它没有机会吃掉。不要大惊小怪地处理，这样你的狗狗就不会认为便便是有价值的，不然你怎么会去捡便便。
- 在餐间提供纤维食物保证狗不会感到饥饿。粗硬的蔬菜很耐饿，还能帮助狗狗清洁牙齿。
- 保证狗在白天的时间可以有玩具玩耍，可以散步，这样就不会感到无聊。
- 大多数狗能在良好的管理中成长，改变坏习惯。

让狗远离家具

养狗要考虑的第一件事：是否允许它跑到家居物品上，如果允许，允许到什么程度。也许你想让一只狗坐在沙发上和你一起看电视，也许你认为狗只能待在地上。哪一种都可以，只要你和你的家庭成员始终如一。

很多训练师都遇到了不想让狗上床的问题。我没有遇到过。我可以让它们待在我想要的区域，也可以随时让它们离开！有的训练师认为，这样会让狗主导人。我的想法是，如果你的狗喜欢死缠烂打，有点狗仗人势，那么允许它上床也许是不明智的，有可能会让它更加自以为是。但是一直允许狗待在床上并不会带来这个问题。大多数狗可以享受"床上特权"。但有的狗会突然觉得自己可以主导世界，因为它一直被允许上床，它喜欢在一个松软的地方躺着，有它喜欢的主人的味道。然而，如果你的狗霸占着床，不许别人上床就会有问题！

当你不想让狗上沙发或床时，如何让狗远离它们呢？

预防

- 始终如一。如果不允许它上来，从开始就不要放松要求。

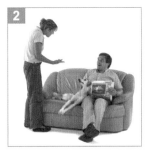

- 确保家庭中每个成员都遵守规则，不要让狗在你看不到的时候跳上来。

- 当你不能一直待在那里防止狗跳上沙发时，请使用护栏隔离房间。
- 确保从第一天就这么要求，如果作为小狗时允许上沙发，那么等它长大后再改变规则是不公平的，哪怕是因为其他原因，比如湿乎乎的泥爪子。

矫正

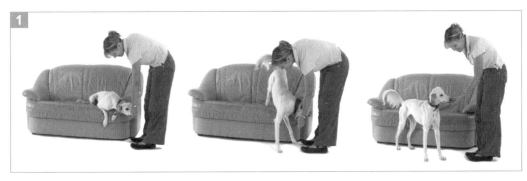

- 如果你有一只爱跳上沙发或床的狗，并且是从一开始就被允许这么做，那么这个习惯是很难改变的。

- 让它理解"离开"的意思，不要用"趴下"作为命令词，这会让一只理解了"趴下"的狗感到困惑。

- 如果它上了沙发或床，而你想平静地把它抱下来，最好的方法是用食物引诱，因为你不想把这过程变成一场战争。

- 当它站在地上时，给予奖励。

- 有些狗不想离开这个舒服的地方，如果你试图把它移走，它会生气。如果狗护着沙发不让你移动它，或者你担心它不会听从，可以给它戴上长的牵引带，安静地让它离开。试着拉它的项圈，这样不会被它咬到。使用室内牵引带意味着你可以安静地让它走开，说命令词"下来"，等它待在你想的地方再给予奖励。如果你把它变成一件大事，狗狗会把沙发看作一项非常有价值的资源，就会更加愿意守护它。现在你不用拉它，它也可以快速地学会"下来"是什么意思。

- 当它和你待在房间时，给它一个舒服的位置，这样沙发就没有那么大的吸引力了。

- 如果不想让它霸占床，就用婴儿护栏将它拦在门外。解决问题的办法很简单，它不能进入房间，就无法上床。

- 再强调一遍，始终如一。

咬手

不管小狗有多可爱、多讨人喜欢，有一件我们希望它不要做的事，就是咬人。小狗探索新环境时，喜欢用嘴去研究，包括我们的手。

两只小狗一起玩耍，都是用嘴用牙互动的。除非我们教它不使用牙齿，否则它也会和我们这样玩。虽然牙小，但还是有点疼的。我们似乎能够忍受，但不希望可爱的小狗长大后还咬我们。幸运的是，我们可以阻止它咬人，同时教它不再咬人。

一窝小狗在玩耍时，如果一只咬得太紧，被咬的小狗会大声尖叫，它便会松口。这给我们提供了一些处理小狗咬人的好的思路。

- 如果你和小狗玩耍，它咬得很用力，你就大声尖叫，然后背对小狗，忽略它几分钟。
- 小狗会很吃惊，觉得不高兴的原因是你不和它玩耍了。
- 几分钟后，重新开始游戏。
- 如果小狗仍然咬人，重复上面的动作。你要教小狗，如果它想和你玩，想引起你的注意，它一定不能咬你。
- 不要大惊小怪，只需大声说疼，然后转身。
- 一旦小狗学会温柔地对待周围的人，咬人的次数就会越来越少。你可以重复上述步骤，最终它会明白如果使用牙齿，游戏就会停止。
- 这种方法适用于大多数小狗。然而也有例外，这些小狗得到了咬人的许可，而且已经14周大了，或者是它已经学会用咬人来博得关注了。当你大声叫时，如果发现叫喊和转身没有作用，即便房子里的每个人坚持做了2个星期，你的小狗看上去却变得更加兴奋和活泼，你可能需要采取一种不同的方法。

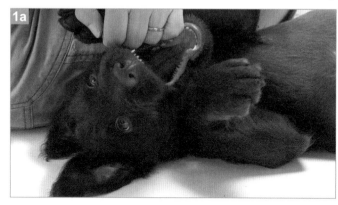

1a

1b

1c

- 首先，停止这种行为的所有乐趣，这意味着如果小狗咬人，你不会大笑、尖叫，或者大声说话。不管多困难，都要完全忽视它。只要你感受到小狗的牙齿，即便是在游戏中，也要用正常的声音说"不"或者"错误"，然后迅速把它放在厨房或门后或护栏后，让它在那待3分钟，再让它回来。
- 如果小狗因为被接回来而高兴地咬人，就平静地对它说"错"，然后起身，自己去房里，关上门。用这个方法你可以让狗意识到，只要有牙齿，乐趣就会停止。

- 玩拖曳游戏时，只要狗的牙齿触碰到你的手，所有的游戏就会停止，再说一遍"疼"，然后转身。
- 确保家里的每个人都保持一致。年龄较大的孩子和男性特别喜欢和小狗玩用牙齿拉扯的粗暴游戏。要让他们知道和牙齿玩很危险，狗可能会伤人，而且法律对于咬人的狗非常严格。你必须对你的狗负责，不要把它的生命放在这种危险的境地。

- 给狗食物时，如果它用牙齿去获取食物，你必须停止喂食。
- 把点心放在手上，确保狗能够看见，把手握起放在它身边，然后向狗展示你的手。
- 你的狗开始嗅、闻、咬、抓你的手，试着获取食物。

- 不管它如何弄疼你，不要松手放弃。
- 有的狗能坚持很长时间。过一会儿，它会停止扒拉你的手，后退1秒，思考下一步如何做。
- 这时打开你的手，给它食物，安静地说"吃吧"。
- 重复多次，直到它明白得到点心的唯一方法是，不从你手中抢，而是耐心等待、理智地对待。

- 让家里所有人都这样做，这样你的狗就不会从别人那里抢食物了。

通过以上方法，你的狗就会明白，不应该在人身上使用它的牙齿。

寻求关注

寻求关注，是指狗试图吸引你的注意力。它有很多种表现形式。

我们要知道，是人教会狗寻求关注的。实际上是我们在训练它，让它知道做哪些事情会引起我们的注意。可见狗是多么聪明。想象一下，一扇锃光瓦亮的门拦住了要出门的狗，狗会抓挠门，让人们知晓。当它把爪子放在门上的那一刻，每个人都会跳起来，放它出去，以免新刷的门被刮花。那么这教会它什么呢？引起人们关注的最好方法就是抓门，你的行为会导致它会没完没了地做这件事。

可惜，对于许多狗而言，它们唯一能吸引人注意的方式就是做错事。大多数人让狗坐在某个角落或者躺下后，就会完全忽视它，它唯一一次成为人们眼中的焦点就是当它做了一些人们不喜欢的事，比如跳扑、大声吠叫、吃不该吃的东西、拿走有价值的东西，以及其他任何可以让主人能够关注到它的事。狗很快就能发现什么事是最有效的。

还记得在第二部分训练狗的过程里，因为它做了你喜欢的事情而奖励它。我们训练狗寻求关注的行为，无意中也做了同样的事情：狗做了我们不开心的事情，我们给了它全部的关注。对狗而言，被训斥、得到消极的关注，也要比被忽视要好。你还能责备它们吗？

预防或者停止寻求关注

- 当狗表现很好时，不要忽略它。当它做了你想让它做的事情，给予你的关注。奖励好的行为，它就能聪明地知道用积极的办法得到你的关注。总之，如果一只狗在错误的时间寻求你的关注，这是因为你在正确的时间没有给它足够多的关注。

- 如果你认为不需要给狗更多的关注，当它做了你不喜欢的事情，忽视它，前提是忽视不会造成安全隐患。

- 大多数寻求关注的行为包括叫喊、跳扑、用爪子挠你、用玩具缠着你。其实就是要做一些事情，让你和它进行互动。如果你忽略这些行为，它就会停止，因为它没有达到预期的效果，没有引起你的注意。

- 当行为停止时，你必须迅速奖励这种停止。这是给予关注的最佳时机。奖励你喜欢的，忽略你不喜欢的。

- 如果狗出现了造成安全隐患的行为，比如咬客人、跳向来访的小孩、吓唬老奶奶等，要使用室内牵引带和护栏，将狗隔离，不给予任何关注。记住，消极的关注，哪怕是训斥，也是一种关注。

寻求关注的行为之所以会发生，是因为我们给予了狗想要的关注。

然而如果狗的吠叫已经成为你在意的问题，你也能找到解决办法。

首先要确定问题的根源。狗不会没有意义的吠叫，就像婴儿不会没有意义的哭泣。它发出声音都是有原因的。因此，你必须找到原因，才能解决问题。

首先，你必须知道狗为什么叫：

- 看门犬的吠叫：快看，有人站在那里。你听到了吗？他一直站在那里，可他不该在那里出现。也许我应该叫得再大声点，房子才会安全。有人听到吗？
- 我需要东西：我想要尿尿，我想吃饭，我想散步，我要关注。这一点，有蹒跚学步的孩子的母亲会更熟悉。
- 惊恐的叫声：我害怕外面的东西，也许我大声叫就能把它们吓走，让我一个人待着吧。
- 兴奋的叫声：可能发生在车上，玩游戏时，刚开始散步时，狗狗觉得兴奋得难以自控的时候。
- 无聊的叫声：这是最常见的形式。当主人出去工作，它一个人待在家里，唯有大叫来释放无聊。人如果感到无聊，会暴饮暴食、破坏东西，甚至犯罪。而狗的行为比这要好很多，它只会叫。当狗讨厌被独自留在家里时，它会通过大声叫来唤回主人。经验告诉它，如果它叫的时间足够长，主人最终会回来的。

无穷无尽的吠叫

首先应该正视现实，狗会吠叫。这是它的出厂设置，也是狗和人能够建立起关系的主要原因。狗的祖先对于人的价值如此之大，是因为它能够看守家和羊群，并且能在人们听到狗的及时呼叫之前，一直不停地攻击入侵者。

所以要搞清楚吠叫问题是由哪种原因导致的，这样就能很好地解决，因为你能够消除这些原因。如果是因为看门或者惊恐而大声叫喊，请不要让狗靠近门、窗户或者花园，以免它会因为看到东西而大声叫。

现在，你应该知道狗为什么要大声叫，也就能消除隐患了。下面的办法能帮你有效控制所有类型的吠叫，除了无聊的叫声。

- 营造一个狗狗吠叫的环境，比如可以让人在外面按门铃。
- 狗会大声吠叫，鼓励它，使用你喜欢的词说"叫"。

- 然后拿出一块点心，向狗展示。如果狗想要点心，它就会停止吠叫。狗不可以边吃边叫。所以点心必须足够美味。

- 当它停止吠叫，给予奖励，说"安静"。
- 多次重复。你的狗将很快学会，它的吠叫可以让主人高兴，不过如果安静下来自己就能得到奖励。
- 在说"安静"和它得到点心之间建立联系。这是在告诉它，这个词是让它安静下来，不是指嘴里的食物。

- 只要你说安静，叫声就会停止，尤其是当你允许它吠叫一段时间后。

- 要控制吠叫，你需要在狗狗身上装一个开关，这样就能解决你的问题。
- 显然，狗狗吠叫是因为它想要东西，你得发现它想要什么，然后决定它能否拥有，然后给它，比如需要上厕所或午餐时间太晚。
- 然而，有的吠叫是为了寻求关注。

孤独在家的吠叫

如果你的狗吠叫是因为无聊，被独自留在家里，这样你会有更大的问题（参考第117页的分离问题）。养狗需要很大的投入。它不是兼职的伴侣，需要持续的关注和鼓励。和猫不同，狗是群居动物，不愿意独处。它会破坏房子，自娱自乐，让整个邻居都知道它很无聊。有些养狗的人，通常把狗单独留在家里长达几个小时，不做任何事情，它肯定会大叫的。

显然，如果你要把狗独自留在家里，最好的解决方案就是不要养狗。如果为时已晚，你已经有了一只独自在家的狗，怎么办呢？在这种情况下，你需要在离开家的时候，找到能够让狗开心、受到鼓舞、心思一直被占用的方法。

- 给它准备互动的玩具。市面上有一些可以填充食物的玩具，适合不同年龄的狗。它会利用所有捕食者"狩猎、撕咬"的最基本的天性，去琢磨怎么把食物弄出来，这个很有趣。可以在有空的不容易被损坏的玩具里填充食物，这种玩具可以刺激狗的大脑，防止它变得无聊。可以将食物巧妙地藏在房子周围的战略位置，这样狗就会花时间在房子里寻找。另一种选择是煮好的棒骨（生的食物比较危险）。选择何种玩具更好，应该和你的兽医确认。
- 寻找狗狗看护人，这样他能在白天进来照顾狗狗若干次，或者在你工作时把狗带到他们家

里。很多养狗的人十分乐意赚外快，他们自己散步时也帮你遛狗。学生们也很乐意做这个兼职，当他们上大学后也很想念家里的狗。如果你住在大学城，在学生的告示板贴小广告是一个不错的方法，可以找到乐于做这件事的人。
- 确保狗能够得到足够的锻炼。一只疲惫的狗会是一只快乐的狗，更有可能在你出门的时候睡觉。这意味着每天工作之前都要遛狗，回家之后也要遛狗。最好午饭时间也能回家溜一溜。
- 在家时陪狗度过珍贵的时光。当你回家的时候，不要只在电视机前逗留。花时间去散步，玩游戏，参加当地的培训课程。所有这些都会刺激狗的大脑，让生活变得更有乐趣，从而避免无聊。
- 要知道狗有充分的理由和权力去吠叫，是你让它待在家里的。

啃咬物品

这又是一种典型的狗的行为。狗狗在它的生命的特殊时期，喜欢啃东西，比如出牙期和青少年期。

咬东西是狗的自然的行为，也是充满乐趣的行为。也许你体会不到咬东西的乐趣，因为你不是一只狗。如果造物主把你设计成一个通过撕咬的方式来吃饭的物种，你会感

谢有令人满意的食物来满足你的需求。

如果狗喜欢咬一切物品，这就变成一种破坏性行为。这种行为，代价高昂。

- 你不能也不应该阻止狗咬东西。你需要做的是让它去咬合适的物品。
- 提供可以让狗咬的东西，坚固而安全，这样狗就不会咬坏它们，把它们吞下去。监督所有的啃咬玩具，以防万一。
- 当狗想要开始认真地啃东西时，有孔的玩具最为理想。因为它是空的，你可以用各种各样的食物填满它。让狗啃自己的玩具比它在房子里啃咬其他东西，要好得多。把咀嚼行为转移到好吃的东西上，就能解决这个问题。
- 很多人提供生的骨头让狗咀嚼。不要提供任何煮过或烤过的食物，它们会碎裂，变得非常危险。为狗提供骨头会带来小的风险，但是它是狗啃咬的理想食物，是狗在野外状态下饮食的一部分，同时能很好地清洁狗的牙齿。我认为值得冒险，但是你要自己做决定。不过，绝不能给狗一块骨头之后就不再看管它了。
- 在苹果表面喷上苦味的喷剂，减少它啃咬的欲望。
- 让狗远离存放贵重物品的房间。狗不明白这些东西的价值，你最好不要给它机会去咬你的贵重物品。
- 当你养了一只小狗，试着把它放在地板上。对一只探索生活的小狗而言，一切都可以成为啃咬游戏。应该告知孩子，如果他们重视自己的东西，就放在小狗够不着的地方。
- 如果小狗啃了不合适的东西，安静地从它嘴里拿走，说"吐出来"，给它一些更美味的可以啃咬的东西。
- 如果小狗拿了你不想给的东西，不要变成追逐游戏。这会让它确信自己拿了十分有价值的物品，它必须自己拿着；或者它会把这当成一个非常有趣的游戏。

- 如果你的狗非常喜欢啃咬，你就把它的所有食物都放在有孔的玩具里，满足它的需求。

挖洞

如果你是一个园艺爱好者，布置了一个令人羡慕的花园，你最不希望的事情就是你的狗在花园里挖一个大坑。

有的狗对挖洞没有半点兴趣，有的狗却痴迷于此。如果你的狗是这样，那很糟糕。狗挖洞是它做了几千年的事，有的狗真的很喜欢，抑制它这种自然行为是很不公平的，何况它这么喜欢。

然而我理解你不想让自己的花园里有个

- 在沙地周边加上木框，这样不会把沙子撒到花园里。
- 鼓励狗在自己的地点挖洞，把玩具埋在那里，比如填满食物的有孔玩具，支持它去寻宝。
- 和它一起挖洞，鼓励这种行为。
- 每次它在指定地点挖洞，都要奖励它。
- 如果它到处挖洞，就把它带到指定地点，鼓励它在那挖。如有必要，和狗一起挖洞，然后奖励它。

大洞，也不喜欢泥泞的爪子和泥泞的家具。

预防

- 没有什么能改变一只喜欢挖洞的狗。
- 当你在花园劳作，把狗留在室内也许有用，挖洞的狗更喜欢这种集体玩泥巴的行为。
- 唯一的有效阻止办法是绝不能让你的狗单独进入花园。

纠正

- 这种行为没办法治。它流淌在很多狗的血液里，根深蒂固，至少你能填平花园里的洞。
- 建立狗自己的挖洞地点，改变它的挖洞位置。
- 沙子很适合挖洞，容易清理。你可以去花园中心的儿童玩耍区域获得沙子。

- 提供又好又干净、大小合适的地点，这样狗可以认真地挖洞。

追逐

我们要认识到狗的另一个特点：天生的狩猎者。它们通过追逐来获得猎物，有些狗把追逐变成一种艺术，特别是猎犬、边境犬、牧羊犬，以及部分枪猎犬。世界上所有的狗都带有追逐的本质。

这种天性，让狗喜欢相互追赶，它们喜欢追着球玩上几个小时。因为这些游戏利用了狗最自然的欲望：追逐捕捉运动的东西。

只有当我们不希望狗去追逐（如追逐孩子、猫、自行车、当地的野生动物）或者追赶的东西比较危险（汽车、羊等，它们会杀

死一只狗），追逐才会造成问题。

　　我知道有的人对这件事持以宽容的态度，但我认为狗狗追逐和猎杀其他动物是完全不能接受的，即使你没有那么强烈的感受。我知道有的狗死于严重的道路事故，因为它喜欢追东西，而主人无法阻止它跑到马路上。

　　再强调一次，预防比纠正更重要。一旦狗学会忘情地追赶着兔子、松鼠或者其他移动的东西，在这个过程中完全忽视你，将来它肯定还会这样做。也许小狗这样做是可爱的，但是对于成年狗来说则是相当危险的。

　　这需要控制和良好的培训。

■ 确保你能顺利召回狗（参见第68页），不管出现什么样的障碍物，都要确保它能顺利地回到你身边。

■ 如果你不能确定自己是否可以召回狗，不要让它脱离牵引带，特别是在野外环境，有孩子、车辆或其他容易引发追逐的东西。

■ 对有的品种来说，追逐永远都是一个问题，散步时需要一直使用牵引带。如果你的狗也属于这种情况，使用可扩展的牵引带带它散步，给它一些自由，确保它在安全的环境可以得到常规的正常奔跑时间。

■ 当你解开牵引带带着狗散步时，通过做游戏，让自己变得有趣，使它一直关注你。让它在你身边，你可以一直盯着它。

■ 散步时一直保持警惕，如果看到了它可能会追逐的东西，将它召回，用点心或者游戏分散它的注意力。

■ 让狗靠近羊而不加管控，是违法的。不要给它任何机会，只要靠近家畜就要给它戴上牵引带，在荒野地要更加留意。

■ 确保狗得到足够的锻炼和刺激，这样它就不会自娱自乐。

■ 如果狗已经养成追逐的习惯，重复上述步骤。当你散步时，始终随身带着好吃的点心或者它喜欢的玩具，以及那些在你离开时能帮它度过无聊时光的玩具。

■ 为它准备长的牵引带，从一开始就要阻止它追逐。如果它追逐，就使用长牵引带阻止它，唤

追赶猫

- 使用护栏，这样猫可以通过，而狗不能。如果有必要，设计猫的求生通道。

- 在屋内使用狗的牵引带，这样也能阻止它不合适地追赶猫。被狗持续地追逐，猫会变得相当害怕和紧张。如果猫被逼到角落，极度恼怒，它会转向狗，给狗造成严重的伤害。所以，从一开始就要禁止狗追赶猫。

- 使用笼子。或者让其中一只待在笼子里，让另一只在外面，这样，它们能习惯彼此的存在。如果狗不追赶猫，就要奖励狗。如果它一直对猫很感兴趣，就用更有趣的东西，分散它的注意力，比如玩具或者美味。

- 一旦它们忽视了对方，你可以让它们俩相互认识。为以防万一，狗身上应该有牵引带。

- 很多小狗能快速地习惯猫的存在，成年犬则需要更长时间。如果你领养了一只狗，要确保它之前和猫一起生活过，这样，这个过程会更容易。

回到你身边，如果有必要可以拴好它。始终要奖励它的回来。

- 严格执行，直到它最终明白，它不可以追逐，如果回到你身边，还能得到美味的点心。对于大多数狗而言，这足以纠正最初的习惯。然而，对于有些品种，如视觉猎犬，追逐的乐趣要胜过你提供的任何东西。现实一点，这些狗必须永远带上牵引带，为了它的安全，也为了野生动物的安全。可以为它戴上嘴套，这样，即便你不小心让它失去控制，它也无法杀死追到的猎物。

- 如果狗追逐小孩或者房间里的猫，管理（狗、猫、孩子）才是关键。

- 教导孩子，如果身边有狗，不要奔跑，当孩子玩耍时把狗拴好。把狗放进笼子或者使用护栏。

和狗一起旅行

其实，从技术上说这不属于解决问题的范畴，但是如果你没有处理好，它确实会成为一个问题。

没有比带一只狗开车旅行，去任何地方更好的事情了。和狗一起度假，可以成为现实，在悠闲的户外一起探索、散步、寻找乡村。制订好狗狗旅行计划，如果你有一只喜欢坐车的狗，那么国外旅行也是可以考虑的。

带着狗开车旅行时，需要考虑两点：一是确保这是一次开心而舒服的旅行；二是确定带了所有的装备，做足所有的准备，确保狗的安全。

如何确保狗喜欢汽车旅行

- 确保早期小狗经历的所有汽车旅行都是开心的。旅行要短；狗旅行时要保持空腹，避免生病。

- 旅行开始前，让它上完厕所，这样你不会遇到如厕问题。

- 从你获得小狗的那一刻起，就要带着它进行汽车旅行，这样就不会成为大问题。从很短的旅程开始，到达目的地后，进行有趣的散步，这样它就明白旅行是有趣的。

- 如果狗看上去不喜欢汽车，先帮助它建立积极的联想，持续在车上为它提供午饭。

- 小狗特别容易晕车生病。如果它在旅行中生病了，向兽医寻求解决方案。或者在旅行前给它一块生姜饼干，生姜能安抚胃。

- 如果你有一只对汽车非常着迷的狗，可以带它进行一些非常无聊的汽车旅行，比如绕着木桩转圈，试图减少它在车里的兴奋感。如果你带着这种狗去有趣的、开心的地方，那种期待会让它变得更加痴迷汽车。

- 汽车的离开会让有些狗表现出疯狂的行为。想办法让它看不到窗外，比如使用黑窗，或者使用笼子外罩。

如何让你的车变得安全

如果你开车带狗旅行，不管有多短，都应该保证安全：它的安全和你的安全。

通常开车旅行，对狗而言最安全的地方是后座。这既能保证它的安全，也不会分散司机的注意力。

安全的做法是把狗狗护栏绑在后座，让

它待在自己的地盘，防止它在事故中被摔到前面。如果在一场事故中时速超过 80 千米 / 小时，狗会被弹射到车的前面。这相当于一头大象的重量，足以造成严重的伤害，甚至杀死你，或者狗会飞出前挡风玻璃。

如果车被追尾，后备厢开关可能因损坏而弹开，你的狗会跑到马路上。解决的办法是在狗和后备厢之间安装一条尾链防护，如果后备厢被损坏，它能保证狗的安全。然而缺点是，它会减少狗活动的空间。

另一种选择是把狗的笼子放在后备厢，但是对于掀背式轿车几乎不可能。松动的笼子会让司机在事故中遭受严重的伤害。

所以最好的办法是使用专门设计的笼子，固定在车上，这也是我的选择。有很多公司提供这样的服务，提供同款车型的笼子，或者量身定制。

用这种方式装载狗，笼子是不可以移动的，但是你为狗提供了舒适完美的空间。如果是小狗，你需要设计一个更小的笼子，这样旅行时它不会被颠得过高。然而，这不是一个便宜的选择。

另一种可能的选择，是把狗放在后座上使用安全带固定。很多狗喜欢这样旅行，并且很开心，这样能让它保持很酷的姿态。还有一些狗不愿意被固定在安全带上。我个人不是很喜欢这种方法，但对有的人来说，这种方法很管用。如果你选择这种方法，要确保您使用的是为旅行专门定制的挽具，糟糕的挽具在车祸中会变得很危险。永远不要把狗放在前座或者行李架上。个中危险我就不过多解释了。

然而，问题在于没有哪种车可以为狗的旅行提供百分之百的保障，同样也没有对人的这种保障。我们只有尽力做到最好，找到最安全最舒服的方式。这是作为狗主人的责任。

舒适旅行

一旦你决定了旅行方式，假设使用了某种汽车笼子，下一步是确保狗的舒适度。第一关心的，是旅行时狗的活动空间应保持干爽。我们都知道，在很热的车厢内狗狗会死亡，但很少有人意识到在很多车里，特别是掀背式汽车和客货两用车，空调系统在后座的作用并不明显，即便打开窗户，也不能让空气自由流通。这意味着，当你认为你的车又快又凉爽时，你的狗却在备受煎熬。选择在温暖的天气里，坐在车的后座，进行一次旅行，感受实际的温度是否凉爽。

当你发现这块区域的空气流动有限，可以在后面装一个小风扇，保证笼子里空气的流动。

如果笼子够大，可以在里面放一碗水，使用有防溢挡板的碗，这样你的狗可以在长途旅行中喝到水，期间别忘了停车让它上厕所。车窗上的太阳薄膜可以有效阻隔阳光，你也可以用反光布盖住笼子。但是你要确保新鲜的空气能够流通。

车后座如果很凉爽，那么对狗而言就是舒适的。在笼子里布置质量不错的动物床具，可以加防水隔垫。

带狗旅行时要结合常识。天气炎热的时候，在清晨或者太阳下山的时候出发，避免温度过高。

如果你想把狗带到国外度假，问问自己，这是它感兴趣的吗？通常，我们享受的假期并不是狗狗愿意享受的。当我们长途跋涉来到一个更热的环境里时，尤其如此。很多情况下，我们的狗更愿意待在家里。

如果你确定要带着狗出国旅行，必须了解当地关于把狗放在车上的相关规定。有些国家规定，狗没有佩戴牵引带是违法的，因为这样是不安全的。

总之，开车旅行的规则如下：

- 安全
- 凉爽
- 舒适

护食

很多人都很惊讶，他们的狗开始保护自己的食物，保护自己看重的东西，不让其他狗碰，甚至不让它的主人碰。这个时候，我们要想到狗的祖先，要考虑到这种行为的背景。如果一只狗乐于分享食物，这是一只不成功的野狗，它会陷入生存危机。

保护食物和资源可以发生在任何一只狗身上，尽管有的品种似乎更倾向于这么做。这种情况也多存在于家庭内部。因为小狗总是看见它的妈妈这么做。这并不完全等于攻击性行为。

在狗的世界里，占有是90%适用的法律。所以一只看上去温顺的狗也可能会保护它高度重视的东西，因为它相信自己有权利拥有它。有的狗只会保护自己看重的东西，比如猪耳朵或者骨头。其他狗也可能保护它们拥有的一切东西。

保护资源的行为很容易被理解，但它绝不能被低估。这是十分危险的。很多小孩和成人，因为没有读懂狗狗"这是我的"的警告而被咬伤。这也是主人在第一时间没有阻止所造成的后果。

首先，你需要学会识别这些信号，它们不太明显。包括：

- 当你靠近时狗仍然一动不动。
- 像骨头或者猪耳朵这样的食物，狗会自己叼着，或者尝试把它带到其他地方，这个时候，捉住狗或拿走它的食物，是非常糟糕的主意。
- 通常狗狗会注视靠近的人或狗，但是不会把它的头离开物体。
- 嘴唇发紧或者卷曲。
- 如果你足够幸运，你可以听到低声的警告。
- 有些狗会摇尾巴，这具有迷惑性，但是非常僵硬，这是一个让步的姿势，表示"我真的喜欢，但是不要再靠近了，因为我很讨厌你这样，我会咬你的"。
- 接下来可能就会被咬了。

像所有的问题一样，预防要比纠正好。

- 要教会小狗从一开始就明白，有人靠近它的食物，是好的事情。要让小狗把你当成为它提供食物的人，而不是拿走食物的人，这很重要。

■ 手上拿着小狗的食物。直接把手放进它的碗里，把食物放进去，有时候从小狗面前把空碗拿走。把食物放进去然后又拿出来。在喂饭时这么做，它会很高兴的，认为你是在用餐时间和它互动。

■ 当小狗吃饭时，你可以时不时地往它碗里添加好吃的东西，如鸡肉、内脏蛋糕，以及其他它喜欢的零食。这能帮助它建立意识，人靠近它的饭碗是好的消息。所有的家庭成员都应这么做。带孩子这么做时，需要在严格的监控下，而且要在狗狗没有表现出任何护食倾向的时候进行。要确保绝对安全，当狗吃饭时或者吃好吃的东西时，若没有大人的监控，孩子是不可以接近狗的。

■ 小狗吃饭时，避免移走食盆。如果它表现出任何护食行为，最好的办法是把它带出去。

■ 不要批评小狗护食。它之所以护食，是因为吃饭的时候身边有人会让它觉得不舒服。它担心

自己的食物会被拿走。批评只会增加它的恐惧，让它相信不舒服的感觉是正确的。

■ 当你训练狗时，练习从它口中拿走东西，让它开心地给你东西，使用"留下"口令。确保你每次拿它的东西都会给它更好的，这样狗就会很开心地给你它口中的东西。

■ 在不确定它是否有护食倾向时，不要给狗具有高价值的东西，比如猪耳朵、生的棒骨。有的狗只会保护十分看重的东西，这种情况下的解决方案很简单，即不要让它拥有。

■ 永远不要把狗逼到墙角或者床底，然后拿走它的东西。它会勇敢地采取防御行为，这是你不想让它学到的行为。

■ 从你把小狗带回家的第一天起，就要确保你做的所有的工作都能防止它护食。

■ 如果你担心你的狗有护食倾向，避免给它高价值的东西，比如骨头和猪耳朵。

如果你养了一只成年犬，已经学会了护食，那么你还要做很多事来纠正这个毛病。你需要确保家里的每个人都要安全，不要给狗高价值的物品，要在它的房间里给它食物。如果它保护自己的玩具像保护食物一样，就在房间里给它戴上嘴套。如果家里有老弱妇孺，可让兽医为你推荐行为专家，帮你解决这个问题。这是一个要严肃对待的问题，需要专业的处理。

分离焦虑

狗是群居动物。它们具有高度社会性，喜欢和同伴在一起。如果它们没有被教会如何独处，会导致分离焦虑。

让一只无法独处的狗，学会独处是非常困难的。在极端的情况下，这意味着你不可以离开狗去超市，甚至你都不可以离开狗去上厕所。

再说一遍，预防比纠正更好。对于有的狗而言，纠正几乎是不可能的，你能做得最好的，就是弄清楚你能如何处理这种情况。

在大部分案例中，这种问题从幼儿时期就开始了。小狗很喜欢自己的主人，以至于他们走到哪它就跟到哪。问题是如果你允许小狗小时候一直跟着你，那么它长大了也会

这样。当你需要外出半个小时而无法带它时，你会发现它的世界崩溃了。

这是你的过错。

从你把小狗带回家的那一刻起，它必须学会有一些时间是不能和你待在一起的。设立护栏，养成习惯。走到不同的房间，让它独处几分钟。不要把它当成大事，安静地离开，回来时也无须大惊小怪。如果它大叫或者哭嚷，等它安静以后再回来。洗澡时不带它，从一开始就教会它，每时每刻和你待在一起不是它的权利。

试着离开它，出门 5 分钟，然后是 10 分钟，30 分钟，直到它能开心地留在自己的地盘 1 小时。给它留一些东西让它忘记你的离开，塞满食物的玩具十分有用。它会渐渐期盼你经常离开，这意味着有好吃的东西。如果你在家收听广播，收看电视，当你出去时请继续开着。

把小狗单独留下感觉似乎很残忍。对它来说，更残忍的，是要忍受情感和身体压力，因为它要经历严重的分离焦虑。

如果你的狗已经有了分离问题，你可以做一些工作来解决这个问题。

- 打开收音机，给它留一个可以与它互动的玩具。
- 不要因为离开而大惊小怪，更重要的是，回来时也无须大惊小怪。让你的离开变成狗狗的生活日常。
- 当你离开时，确保狗是感到疲倦的。这个时候它更想睡觉。
- 试着改变你的作息，这样狗不会因为预测到你即将离开而倍感伤心。狗十分善于读出你要离开的很小信号，比如拿起钥匙，穿上鞋子，它会很早就感到很有压力，在这个时候，你的离

开会让它更加受伤。试着不要让你的行为被预测出来。

- 只有当它很安静的时候，才回到它身边。如果它发现叫喊能唤回你，它会一直叫下去。

- 有一种狗用的基于激素的产品，模仿释放激素，可以帮助狗平静。在有些情况下十分有效。建议找兽医了解。

- 如果你要离开好几个小时，最好安排一位狗看护人或者遛狗人来照顾你的狗。

- 如果你的狗有严重的分离焦虑，比如大多数救援中心的狗、陪伴犬、德国牧羊犬、柯基犬，请让兽医为你推荐有名的行为专家，他们专门解决生理问题，帮你找到解决方案，克服这个问题。这些问题很有压力，包括大声叫喊、破坏性行为、难以进行如厕训练、自残，它们需要作为紧急情况处理。

- 如果你不清楚狗的问题有多严重，就使用影像记录，这样你可以在回来时翻看。

我们必须意识到狗是社会动物，如果你需要在很长一段时间定期离开它，可能一开始你就不适合养狗。

攻击行为

任何攻击行为都是严重的问题。有的狗的体重甚至超过成年女性的体重，何况它还装备了一副厉害的牙齿。狗类行为暴力需引起重视。即便最小的狗，也能造成咬伤，特别是对孩子和老人。

不要认为这是你能处理的事儿，或者是可以忽略的问题。作为狗的主人，要确保你的狗不会威胁到其他人，这是你的社会责任。同时，也要让其他狗不能成为你的狗的危险。一定要严肃对待这个问题。

发生攻击行为的原因有很多，疼痛、恐惧、过去的体验，远不止这些。任何一种攻击都有不同的处理方法。狗咬人是自然行为，我们无须惊讶。当狗受到威胁，受到伤害，感到生气时，这是它自己的防御手段或攻击手段，它不会进入热烈的争论，写下冗长的檄文，咨询律师，它只是做了通常做的，包

戴上嘴套，直到你得到专业的帮助。

要记住狗是具有攻击性行为的，它会保护自己的财产，这也是为什么那么多陌生人在门口会被攻击的原因。让你的狗不要接近这些区域。请兽医指导你，兽医可以介绍当地的优秀的行为专家，指导纠正攻击行为，他能接近你的狗，找到问题的原因和触发机制。他们会为你提出管理方案，帮你克服这个困难，防止将来出现更大的伤害。

寻求帮助

括使用牙齿。狗在它的一生中面临的很多事儿，都会让它感觉自己有必要采取行动，一旦它采取行动，如果这种行为能产生效果，它就会反复诉诸于此，直到这个循环被打破。

你不应该擅自处理攻击行为，除非你读了一本告诉你如何处理狗的攻击行为的书。如果你的狗表现出对任何事物的攻击行为，包括对人——不管是家庭成员，还是陌生人，或者是对其他狗，不管是家里的狗还是外面的狗，你必须寻求专门的帮助，帮助处理所遇到的问题，确保它不会变得更糟。

第一步是保证每个人的安全。可以给狗

不管你是多么负责的养狗人，不管你多有经验，多么小心，问题总会出现。不要认为你在默默遭受，或者认为你的狗是一只坏狗。

如果上述意见无法解决你的问题，不要感到失败。相反，要在事情更糟以前寻求专业的帮助，这能帮助你和你的狗。

养狗是有趣的，能提升你的生活。当你遇到问题的时候，不要感到难堪、害怕，或者羞于寻求帮助。

4

来点乐趣

现在，你有了一只训练良好的狗，它能做你要求的所有事情，接下来做什么呢？

现在，你可以和狗做一些有趣的事情，教它所有的本领。无论小事情还是大动作，你教它的每一件事都能让你们的关系更加密切，加深你和它的交流。你教的越多，它就越懂你，将来学习新东西就越容易。不光如此，它还能为你提供心理的激励，这些是日常生活里比较缺乏的东西。

技巧学习

这一章节包含了大量的内容，可以刺激你的狗做更多的事儿。我一直认为，养一只狗是有趣的。这是我们养狗的初衷，可是有太多的人完全没有意识到养狗的乐趣。永远不要放弃教狗一些新的东西，或者找到你们可以共同享受的生活方式。你可以开发很多东西，比如敏捷训练、气味游戏，还有一些令人印象深刻的小技巧。

有的人不喜欢教狗小技巧，认为这会降低狗的尊严。简直是胡说八道。对一只狗而言，所有的技巧都只是技巧，无关尊严。一只狗不会认为：坐下，可以，这是合法的技巧；握手？对不起，不做这个，这是降低尊严的技巧。每一种技巧都是我们要求狗做的，不管它是什么。

接下来的内容都是充满乐趣的，狗可以很快学会，让你的朋友羡慕吧。一旦你找到这些乐趣，就可以开始你自己的训练。唯一的限制是想象的深度。

使用响片教技巧

当你打算教狗小技巧时，响片是一个值得推荐的工具。它提供了另外一种和狗沟通的方法。有时候它可以更快地解释你的想法。当我教它们小技巧时，我经常使用响片，真的非常简单。有意思的是，大多数协助犬团体，比如训练狗狗帮助残障人士的机构，都在使用响片进行训练。这是因为他们也认识到，这是教狗学会复杂技巧的最简单的方法。是否使用响片完全取决于你，并非强制要求。所有的小技巧都可以用响片进行训练。我会详细解释如何用响片进行第一种训练（挥手），当你想用它练习其他技巧时，你会知道如何做。但在你使用响片进行以下训练时，首先让狗明白响片意味什么（可参考第90页）。

挥手

这是最简单的一种技巧，也非常可爱。每种狗都会挥手，不过有的品种可以挥得更高。

- 让狗坐下，决定让狗的哪只爪子挥手。
- 手上拿着点心，在它鼻子上晃一下。

- 把点心放在一侧，直到它举起爪子，让它的身子倾斜到一侧。选择挥手的那一侧。说"挥手"，然后给点心。

- 重复，直到它认识到你想让它举起爪子，这样它就能得到奖励。
- 当它明白"挥手"的意思时，就可以降低食物诱惑的次数，直到你拿出点心然后等待。当它能正确地完成挥手时，只奖励最后一次动作。当它的爪子离开地面时，说"挥手"。你需要让它明白什么是挥手，而不是困惑地坐在那看着你。

- 你也可以跟它挥手。一只会对人挥手的狗是十分可爱的。

- 一旦它做得很好，你可以加大挑战。在说"挥手"并给它奖励之前，保持等待直到它把爪子举得更高。

- 一旦它明白这一点，重复，用提示词要求"挥手"，或者通过向它挥手要求它做同样的回应。

用响片教挥手

过程完全一样，不过是在练习时用响片取代了你的声音。记住响片意味着"做得很好，你做对了，马上就会有点心"。进行响片训练时，不要使用提示词，直到你百分之百地确定狗知道怎样能换响声和奖励，你可以给它大量的奖励。

■ 让狗坐下，手里拿着点心，在它鼻子上晃一下。

■ 让它靠着一侧直到一只爪子抬起来。在它的爪子离地的那一刻发出响声，然后给予奖励。把响片当成一个相机。在狗做对的那一刻，你要试图抓取那张照片。

■ 重复，直到狗明白要举起它的爪子。每次举起爪子都要发出响声并给予点心。

■ 一旦它可以准确地完成，拿出奖励，然后等待。给它一个机会去思考，要怎样做才能让你发出响声。如果它想到了，举起它的爪子，哪怕移动一点点，发出响声给它一个大大的鼓励。如果它没有想出来，回到上一步。

■ 重复练习，拿着点心等待，直到狗完全明白。

■ 现在你可以更挑剔一点，让它把爪子举得更高，再给响声和奖励。换句话说，只奖励举得高的。

■ 现在你可以加入明显的手势，比如向它挥手，或者使用命令词"挥手"。

■ 用提示词或者挥手的动作进行重复训练。奖励每次成功的挥手。

■ 如果你的狗可以顺利地进行挥手，你可以在每次发出响声和给奖励之前要求更多的挥手。有时一次就奖励，有时要进行四五次，这样，它就不会知道什么时候自己会得到奖励。

■ 等它可以熟练地挥手时，你只需要偶尔进行响声和奖励就行了。

你可以用响片这种训练方法进行以下各种训练。好处是能让它准确地知道你要奖励什么。响片声是非常清晰而直接的信号，告诉你的狗，你喜欢什么。记住，当你使用响片进行训练时，响片声就是你的声音，所以你要保持安静。当要求狗保持安静时，我们却说了太多话，狗是不懂我们到底在说什么的，所以它在一长串没有意义的聊天里听不到自己认识的词。训练师只说出单独的这个词，要么是狗知道的，要么是你教过它的。

握手

通过上一个训练再学这个动作就简单多了，它们本质是一样的。这是一个很好的练习，当你把狗介绍给怕狗的孩子或成人时，它十分有用。人们一般不会害怕一只乖巧地坐着并愿意和你握手的狗。

- 确保在进行这项练习之前，你的狗很开心让它的爪子被握着，有的狗讨厌这个。

- 方法和教挥手是一样的。从坐下开始，把点心放在狗鼻子上，移到另一侧，远离你想握住的那只爪子。出于一些原因，大多数右撇子会教狗举起左爪，就是我们不经

常握手的那只。如果你想让狗举起右爪，和你的右手握手，确保你要教它举起的是右爪。

- 当它举起爪子时，你要温柔地握住，或者把你的手放在它的下方，说"手"。如果你使用响片训练，发出响片声，并给予奖励。

- 重复。减少奖励的次数，直到它可以开心地举起爪子和我们握手，而无须使用太多食物去引诱。

- 如果使用响片，只在你确定当你想握住它的爪子，它会把爪子给你时，才说关键词"手"。

- 多次练习，直到你伸手说"手"，然后狗会伸出它的爪子回应你。

- 通过多次练习，一旦狗理解它做的事情，降低奖励的次数，最后它只能偶尔得到奖励。因为你不会想要一只只为了食物而工作的狗。

- 握手的时间不要太长，也不要让别人这么做，否则它会犹豫是否把爪子给你。

- 邀请朋友参与练习。每次你介绍一个新人时，可以让他和它握手。

鞠躬

这是一个更高级的技巧，也很容易，因为有一些狗可以自然地做这个动作。如果你观察狗狗们在一起玩耍，就会发现，它们经常会使用这个姿势来邀请同伴。训练鞠躬的秘诀是，在狗每次躺下之前快速地给予奖励，这个时候，响片是十分有用的，因为你一直要保持快的速度。所以，它是这项训练的主要方法，如果你不使用响片，也可以，就像往常一样，使用关键词并给予奖励。

■ 面朝狗站立，让它也保持四脚站立姿势。

■ 手上拿着点心，在狗的鼻子上晃一晃。

■ 向前弯曲，把它的鼻子放在地面，轻轻向后，在两只前爪之间。

■ 不要用手拿着点心往前靠，否则你的狗会完全趴下。

■ 当它保持鞠躬的姿势时，发出响片声，然后给予奖励。一定要在它完全躺下之前发出，所以动作要快。

■ 重复，直到它明白自己要做什么。如果它趴下，而不是鞠躬，确保把手往后放，一定要放在它的两只前爪之间，而不是向前放。快速接连做四五次鞠躬，每次都要发出响片声和给予奖励，这样它的屁股就没有机会坐在地上。

■ 一旦狗完成得很好，重复练习，你的手不能一直在地面。减少用手去引导，但要向前弯曲，你向狗鞠躬，它向你鞠躬。如果你喜欢，可以在关键时间点引入提示词"鞠躬"，或其他你喜欢的词，或使用动作提示。

■ 和之前一样，增加鞠躬的次数，减少响片声和奖励的次数，直到偶尔给一次奖励。

■ 如果想变得更高级，你可以增加你们俩的距离，用不同的姿势要求鞠躬：在你旁边，在你的腿边，或者任何地方。

装死

这是另外一个有趣的小技巧，能让人印象深刻，令人捧腹。如果你能轻易让狗躺下等待兽医的检查，也会让你的兽医印象深刻。

■ 学装死前，先让狗趴下。
■ 你坐在地上，坐在狗的一侧。左右都行，除非狗自己特别不习惯某一侧。

■ 手上拿着点心，在狗鼻子前晃一下，然后慢慢地把它移到尾巴方向，同时轻轻地越过它的背。为了追着食物，它需要翻到另一侧，朝向它的屁股。当它这么做了，把点心奖励给它，这样，它就知道它做了正确的事，会有奖励。

■ 不能推它。等待，直到它开心地自己完成。

- 现在你也可以用食物继续引导，直到它的头挨着地面。当它呈现"死"的姿态，说出你的关键词。我使用的是"啪"，就像开枪一样，然后再给予奖励。

- 一旦狗可以轻松地完成，丢掉点心，让它跟着空的手躺在地上，说"啪"。等它完成了再给予奖励。

- 保持练习，减少诱惑次数，直到你可以使用手势完成。如果你想模仿开枪的手势，可以比画手指，直到你可以只对着它的肩膀，它就会装死。

- 练习，直到你不用蹲在地上狗也可以完成。

- 现在练习狗狗装死的时间长度。等它装死几秒钟再给予奖励，然后下次多等待几秒，直到让它保持30秒，当然你还有一个问题，装死的狗有时会不停地摇尾巴。记得使用"ok"来解除命令，说明你已经完成了。"站起来"应该是你的主意，而不是它的主意。

- 一旦它能够很好地完成，现在可以练习增加你们俩的距离。

- 你也可以从坐下或者趴下的姿势开始这个训练。一开始，你可能需要回到前几步，并使用点心引诱它。

旋转转圈

旋转转圈，这是另外一种容易教授的练习。松开狗的牵引带，让狗走在你身边散步，也可以变成人狗竞技跳舞。

如果狗狗觉得寂寥，这会是一个很好的注入活力的练习。有的人甚至用它作为狗狗竞赛跳圈之前的开场动作，会让它看起来更高兴，腿脚更灵活。

旋转转圈和交叉转圈没有区别，只是方向不同。

■ 首先让狗站着。

■ 手上拿着点心，放在它的鼻子前，如果它能很好地触碰，且喜欢这种方式，也可使用教棍。你会发现它有很多用处。

■ 引诱狗转半圈，不要进行得太快。记得奖励它。

■ 重复，然后让它练习走一个大圈直到它可以完成整条路线。当它完成半个圈时，说出关键词"旋转"。

■ 用点心引诱它，重复时，不要使用食物，这样它就能跟着你的手。

■ 使用教棍，然后慢慢缩短教棍的长度。

■ 使用手势和提示词重复旋转练习。

■ 减小手势的动作幅度，直到它变成很小的一个手指的手势。

■ 在散步时练习。

■ 一旦狗真的理解了转圈，你可以回到最初的步骤教它反向转圈，这个时候就成了"交叉转圈"，这样它就不会只

转一个方向。大多数狗喜欢从这边转到那边，所以你要多多练习相反方向的转圈，让它放松。

■ 在散步时练习旋转、转圈，会让狗觉得更有趣。

■ 记住，每个小技巧都要花几周时间来教授。不要赶进度，只需关注狗的节奏。

腿间穿梭

这是一项有趣的练习，会让散步变得更有趣。通过使用音乐或者自由路线来进行人狗跳舞竞技，对你和狗而言，都是需要更多配合的一项练习。

- 让狗待在你的左手边。
- 右脚向前迈步，脚落地。

- 右手拿着点心，让狗从左至右穿过你的腿。
- 给它点心。

- 左脚向前迈步，脚落地。
- 左手拿着点心，让狗从右往左穿过你的腿。

- 给它点心。
- 重复这个模式，直到你能协调你的腿、点心和狗。
- 当你明白如何调配你的狗，命令它哪条腿在前，你已经成功一半了。

- 穿插2次后再给予奖励。现在只要你愿意可以加入提示词"穿"或者"过"。
- 不要一直在同一侧进行奖励，否则你的狗会停在那里。
- 一旦进行了4次穿插，再给予奖励。择机停止奖励。
- 现在，当你打算让狗从左往右穿过时，放下你的右手；让它从右往左穿过时，就放下左手。让狗狗觉得你的手里有一份奖赏，就像你做的那样。
- 奖励每一个步骤。但不要始终奖励同一侧。
- 继续练习，直到你们俩都能熟练进行，然后练习走20步不停歇，再给予奖励。

- 很好，现在是时候奖励你自己了。

关门

这是非常容易教会的一个小技巧，因为你已经做了全部的基础工作。关上门只是教狗用鼻子触碰东西的一个延伸（在本书第 81 页已经介绍）。

当你的朋友来拜访你，你要求狗起身去关门，绝对会让人惊讶万分。

- 回到第 81 页的触碰练习，直到你教狗学会用鼻子触碰东西。
- 把塑料罐盖或者你能一手拿住的小物体，贴在门上。

- 使用提示词"碰"，练习让狗触碰塑料盖。只要它完成就给予奖励。

- 把盖子粘在门边方便关门的位置。

- 站在门边，让狗再次触碰塑料盖。当它做了，奖励它（或发出响片声，再奖励）

- 一旦它明白要触碰塑料盖，你便可以增加难度，只有在它用力触碰，让门移动时，才给予奖励。当门移动时你要说"关门"。

- 保持练习，直到它能用力地推门，将门关闭。给予大大的奖励！

- 现在你可以移走门上的塑料盖，让狗关上没有塑料盖的门。
- 这个时候只要它触碰塑料盖，即便没有移动门，我们也给予奖励。然后，让它习惯在没有标记物的情况下推门。
- 巩固练习，让它继续推门，用力推门，直至门关闭。
- 现在让狗远离门，每次只移一步，这样，它需要走得更远去关门。
- 每次奖励后，后退一小步，直到它很开心地离开你去关门。巩固你和狗之间的距离，以十分慢的速度，直到你能指使它穿过房间去关门。
- 在房间的不同地点进行练习。在沙发上、椅子上，或坐在地上。

■ 用不同的门进行练习，这样它能为你关闭任何一扇门。

■ 花时间练习，就像所有其他的小技巧，需要很多步骤去练习。

扔垃圾

你可以教会狗狗的最有用、印象最深的一项练习，就是让它学会投掷。这意味着，它能从地上捡起垃圾，并把它们扔进垃圾箱；还能清理它的玩具，把它们放进篮子里。可以训练协助犬，让它们使用洗衣机，把洗好的衣服拿出洗衣机，放进篮子里。

尽管你可能不知道，通过教狗把东西递给你，你已经学会了这项练习的基础步骤。狗狗已经学会如何把东西捡起来，并把它放在某处，所以下一步并不难学。

让我们试着捡一张纸，把它扔进垃圾箱。

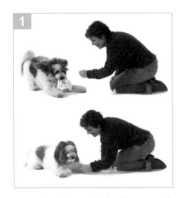

■ 首先，把一张纸揉成一团，让狗十分开心地玩。

■ 一旦它真的感兴趣，就把纸团扔远一点，叫它去捡回来（和它在第78页学会的寻回一样）。

■ 现在让它坐下，把地上的纸团扔远一点，叫它去取回来。

■ 让它像往常一样寻回，放在你手上。记住，只要它每一步都做对了，就给它大大的奖励，把它变成有趣的游戏。

■ 现在通过重复同样的事情，但要把垃圾桶直接放在你的手下。

■ 当狗衔回一团纸给你，让它扔进垃圾桶。

■ 说"垃圾桶"或"清理"或任何你想要的提示词，把东西扔进垃圾桶，给它大大的奖励。如果你使用响片，当纸进入垃圾桶时，迅速发出响片声。

■ 经常重复，每一次当纸团进垃圾桶，都要给予奖励，直到你的狗明白这个游戏的关键在于把纸团放进垃圾桶而不是你的手上。

■ 一旦它理解这一点，便把垃圾桶移到离你的手远一点的位置。

- 现在，当狗衔回纸团，不要用手拿它，而是鼓励它把纸团扔到垃圾桶里。
- 当它完成这个动作，非常高兴地奖励它。这个练习的秘诀在于不要把垃圾桶放得太远。

- 现在你可以增加其他纸团，或者任何你想尝试的东西。
- 记住，当你教它相当有难度的练习时，每一次成功都要奖励，永远不要生气或沮丧。
- 不要指望你的狗在一次训练中就能完成。像这样的技巧需要一些时间来熟练，有时需要几周的时间才能学会。你必须有耐心，多练习几个课程，不要期望太多太快。永远保持有乐趣。

- 一旦它掌握了窍门，你可以离垃圾桶更远一点。慢慢地你也可以站起来。

游泳

所有的狗都需要锻炼。有很多练习，是你和你的狗都喜欢的。游泳是一项有趣的练习，但大多数人都没有想到。

值得庆幸的是，越来越多的人发现狗游泳的乐趣，因为人们和兽医认识到狗在水中享受游泳、健身、治疗的好处。

游泳给健康的狗带来的好处是，它可以在完全不同的环境里，获得了另一种形式的锻炼，提供刺激和乐趣，而且大多数狗都喜

滑板

这个技巧可以让狗变得自信而大胆，因为移动的滑板可能让有些狗感到害怕。如果它因此而紧张，不要尝试这项运动。记住，所有的技巧对你和狗而言都应该是有趣的。

记住，滑板上的狗无法做停止或加速动作，它只是狗，所以要小心地选择练习的场所。

欢它。如果你有一只拉布拉多，你就会知道它有多喜欢水，还有什么更好的方法来满足它的痴迷呢？

有的游泳池甚至可以让你和你的狗一起游泳，这是一种可以让你们的关系更亲密的方式。即便你不能和它一起游泳，也可以在一个全新的环境里练习寻回。

如果你有一只老狗，身体有点僵硬，或者一只正在从手术或受伤中恢复的狗，或者一只超重的狗，那么游泳可能是它在不需要支持自身体重的情况下能够得到锻炼的唯一方法，并且又让它找到了乐趣，能提高它的生活质量和愈合能力。

找到合适的泳池，这样你们可以在专业指导下游泳，不仅有趣，而且安全有保障。不要在乡间找一个池塘嬉戏，因为很多湖泊可能是疾病的来源。大海是一个很好的选择，但是要小心你去的海滩，特别是在英国，潮汐是很危险的，除非你和你的狗是游泳高手。在运行良好的泳池里，在一个可控的环境里，坚持是更好的选择，享受这项运动，生活会更美好。

■ 从向狗展示滑板开始，把它放在地上，固定滑轮，这样滑板无法移动，如果它害怕现在移动的滑板，它可能永远不会高兴地去接受它。在地毯上练习比较理想，因为地毯上更容易控制。当你开始让它前进时，要保证滑板车不会移动得太快。

- 一旦它习惯了滑板，让它抬起爪，但是不要握住它，而是让它把爪子轻轻放在滑板上。

- 当它把爪子放在滑板上时，要奖励它。
- 重复多次，逐渐延长它放在上面的时间，再奖励它。
- 确保把爪子放在滑板上是狗的主意，不要强迫它做任何不是它乐意给予的事情。

- 当它乐意把爪子放在滑板上时，用食物引诱它把两只前爪都放在上面。当它完成时说"上板"。这个时候滑板不能移动，否则会吓到你的狗。也许你需要另一个人帮你固定滑板。

- 练习这个动作，直到它明白"上板"意味着它把两只前爪放在滑板上。
- 一旦它明白这一点，你可以不再使用点心，只用提示词，叫它站在滑板上。
- 反复练习，直到它非常自信。只要它把爪子放在滑板上就要奖励它。

- 练习一段时间，当它已经很自信了，便可以让滑板轻轻移动，这样，它就会明白滑板不会一直固定不动。

- 练习这个动作，每一次让滑板移动得更多，但是要在你的控制下。你要离滑板相当近，直到狗把前爪放在滑板上时后脚也能往前走几步。

- 让滑板自由移动,让你的狗自己发现滑板是可以移动的。这时要在地毯上进行练习,它可以防止滑板移动得太快。
- 走在狗身边,用食物引诱,让它一直待在滑板上,并且移动。
- 现在你可以去户外光滑的地面,比如柏油路,狗和人一样无法在草地上玩滑板。

- 重复之前的步骤,这样,它能够在新的地面上建立自信。

- 练习滑动的距离,降低食物引诱的次数,直到它能够自己开心地站在滑板上滑动,而你得走在它身边。

- 如果你愿意,现在可以把滑板游戏变得结构化。试着先让狗坐下,把滑板放在它前面。然后告诉它登上滑板,滑到你身边。当它滑到你身边时,请奖励它。
- 你可以练习滑板召回,直到它可以用滑板滑行相当长的一段距离。
- 现在可以考虑滑板竞技表演了。

- 放慢训练的速度,不要担心究竟要多长时间才能获得滑板的冠军。
- 记得在安全的地方去练习滑板,因为我说过,狗不会在滑板上进行加速或停止。

气味游戏

我们都知道狗天生嗅觉灵敏，但是大多数人没有意识到它的鼻子有多优秀。接下来的两个技巧，其实是游戏，会使用狗狗的这个被低估的能力，我觉得试过这些游戏后你会被狗狗的嗅觉惊讶到，会更加欣赏你的狗。

狗的鼻子如同我们的眼睛一样重要，会告诉它这个世界里有什么。和人的鼻子相比，展开后的狗鼻黏膜，有一块手帕那么大；而人的只有一个邮票那么大。狗的大脑有一大部分是处理气味的，加上一只高度灵敏的鼻子，这意味着狗的气味感知能力是人的1000~10000倍。它可以传递很多信息，比如谁刚刚从这经过、它的行进方向，甚至是男性还是女性。靠嗅觉追踪的犬（比如嗅觉猎犬里著名的侦探犬）可以追踪几天前的气味，这就是为什么现在全世界都用它去追踪嫌疑犯和越狱的犯罪分子。在美国的很多州，寻血猎犬提供的追踪认定在法庭上是被受理的，且不容争辩。

然而，很少有人在和狗的日常玩耍中使

用气味游戏，这真的令人遗憾，对于很多狗而言，使用嗅觉是生命中最大的乐趣。所以我们可以试着加入。现在不要像人一样思考，要像狗一样思考。

■ 拿着狗最喜欢的玩具，然后开始游戏。让它兴奋起来，但又不要让它得到玩具。不管你选择什么，要选择一个对狗而言具有高价值的物品，你需要让它真的感兴趣。如果它对玩具不感兴趣，你可以用美味的点心来替代。最后你可以把点心藏在玩具里，比如有孔的玩具。

- 选择一片你们最近没有来过的户外场地，这样就不会有你的气味给它造成困扰。场地内应该有大量的灌木丛和树木，这样会更有趣。

- 叫一位朋友帮你，当你教它这个游戏怎么玩时，你需要有人牵着你的狗。
- 如果你在一个安全的区域，狗会听从你的召回，你可以不使用牵引带。否则，请使用长的牵引带，让它既能自由奔跑，又能始终留在你身边。
- 首先，让你的朋友牵着它，你可以用玩具让它兴奋起来，然后带着玩具高兴地跑开。

- 沿着直线跑，然后把玩具放在地上，让狗看见它，不要放得太远。
- 回到狗身边。要沿原路返回，这一步稍后会无比重要。

- 回到狗身边，告诉它"寻找"，或者使用你喜欢的命令词，你的朋友便可以松开狗。
- 鼓励它找玩具。当它把玩具还给你时，给它大大的鼓励，或者一个点心，或者用玩具和它玩一会游戏。

- 重复，直到它理解了第一步。一旦它完成这个动作，你可以加大难度，把玩具拿得更远一些。让狗看到你的行进线路。
- 每一次在你没有去过的不同的区域进行练习，这样不会有干扰气味。我们以为狗是靠眼睛，看到了我们的路线，看到了我们把玩具放在那里，实际上它是用视觉和嗅觉来找到玩具的。
- 现在你可以加大难度，让狗只用鼻子来找到玩具。先让你的朋友牵着它，这样它看不到你去哪里。寻找一个"干净"的地方，不会留有你的气味，这十分重要。

- 用玩具让狗兴奋，然后从它身边走开，不要走得太远，只是稍微走出它的视线。
- 沿刚刚的路线回来，这样就只有一条线索。你的狗会追随气味找到目标。想想这一刻多令人开心。

■ 当你回到狗的身边，告诉狗去找玩具，你的朋友便可以松开狗。它能顺着你的气味找到玩具。当它找到后，要十分高兴地奖励它。

■ 当狗沿着气味去寻找时，你要保持安静，这样它能集中精力，如果它失去线索，你可以用声音鼓励它，直到它再次找到玩具。刚开始的几次，你需要给它一些帮助，直到它理解了这个游戏。大多数狗都能很快地找到。对于我们来说这很难，但对它而言这不是什么大问题，因为我们的鼻子不可能做那样的事情。

■ 一旦它明白这一点，你可以逐渐增加难度。把玩具放得更远，多转几个弯，但是不要和你的路线交叉，这会让狗觉得有一点困难。把玩具藏在不同的地方，但要放在地表。当你回来时，要记得原路返回。这一点我觉得是非常难的。你会完全被狗这种天赋异禀所惊讶，这是我们所不具备的。

一旦你教会狗如何玩这些游戏，更重要的是一旦你开始像狗一样思考，意识到鼻子是多么厉害，你便可以使用鼻子的能力做你想做的事情。我喜欢让迪格比（作者养的狗）在一堆干净的衣服里找出特定的衣服，因为我喜欢观察它的鼻子如何工作。我把这个游戏叫作"找袜子"。

■ 确保衣服上有你的气味。在玩游戏之前，把它塞到针织衫里面或者其他贴近皮肤的地方，这样就是真正的你的味道。

■ 像之前一样，让狗对这个袜子真的感兴趣，也可以选其他衣物，要让它变成有趣的东西。

■ 用这只袜子练习几次召回。

■ 然后把袜子藏在某处，在狗的视线内，可以藏在其他衣服下面，让狗去找。当它找到了，给它大大的鼓励，记得在游戏中间把袜子塞回你的针织衫下面，让它永远带着你的气味。这样游戏是不是很有趣？

■ 现在拿出一堆不带你的气味的干净衣服，你可以使用二手衣服。让朋友牵着你的狗，或者让狗"趴停"。把袜子放在衣服堆里。回到狗身边，让它像之前一样去寻找。

■ 当它成功地找到袜子，要给它鼓励。强化练习直到它完全明白游戏规则。

■ 现在你可以加大难度，把袜子放在衣服堆的更深处，这样你的狗需要去挖掘。

这些游戏相当有趣，但很少有人去开发它。可以发明你自己的游戏，如教狗追踪你的孩子或者伴侣，也可以沿路设置奖励。这里有无穷无尽的可能，请跳出思维的限制，找到气味游戏的乐趣。

通过玩游戏，你能更好地理解你的狗，找到让你俩都很开心的事。你也可以用狗狗的眼光、从鼻子的角度去观察世界。你开始理解，狗的生命还有完全超过人的一面。这是我们以前从没有想过的。下一次你和狗出去，它停下来，用鼻子去闻，可以想想它发现了什么，你发现了它的什么。

■ 当它找到了，鼓励它将袜子还给你，然后给它一个大大的奖励。放慢速度，这样你的狗不会感到沮丧。

敏捷训练

最后我们可以和狗玩的有趣的游戏，就是敏捷训练。每只狗都可以做。有些狗更擅长，体型不是关键，正如这里还有迷你敏捷训练。

敏捷性结合了服从、培训、健身、趣味于一体，为狗狗提供了终极的训练。你们可以一起分享这项令人激动又十分有趣的狗狗运动。敏捷也是一项社交活动，它能提供机会让你们俩和别的狗还有它的主人一起玩。不管是人还是狗，都可以通过敏捷训练建立牢固的友谊。你在以一种非常有趣和刺激的方式，继续着对狗的教育和训练。

第一步，选择有趣、友好的敏捷训练课程。值得感谢的是， 1978 年在克鲁夫茨举办了第一届敏捷大赛后，敏捷训练便成为发展最快的狗类运动，所以找到一个这样的课程并不难。不论在敏捷比赛中，你有多大的梦想，最好还是选择一个有趣的课程，而不是一个高度竞争性的课程来开始。在有趣的课程里，你会学习如何使用所有的设备，在一个相对宽松的环境里，你和你的狗都没有压力。一旦你找到了这样的课程，可以观看

初学者课程。确定使用积极的奖励方法来训练狗。没有推拉和拖曳，狗和狗的主人看上去都在享受乐趣，包括训练者。

任何一家优秀的课程俱乐部，对狗的最低年龄都有要求。只有 1 岁以上的狗才能在这里蹦蹦跳跳，有些大型犬需要等到 18 个月甚至更大。它的关节和骨骼还没有充分发育，压力也会造成不可修复的损伤。有些课程需要年轻一点的狗参加，先让它熟悉其他器材，等它长大一点才允许使用。

敏捷准备

开始敏捷训练课程之前，你的狗需要进行基础训练。它应该能被顺利召回，可以贴紧你的两侧走路和奔跑。你会很惊讶，很多人都没有进行基础训练就开始敏捷训练课程，大量的时间浪费在空旷的场地里追逐他们的狗。多尴尬！你可不要这样。

第一课你做什么

希望你去试听敏捷训练课程。试听可以给你一些想法，引导者也会了解你的需求。狗需要戴上可调整项圈，约2米长的牵引带，不可以延长。确保有足够的点心用于奖励（手里随时握着点心，保证它跟进训练）和一个能调动狗积极性的玩具。还有，准备好装排泄物的垃圾袋。

显然，主人需穿适宜运动的服装（口袋可以装着点心和玩具）、防滑的跑鞋。

现在你可以出发去寻找乐趣了。

敏捷训练的设备

会有人教你如何使用单独的障碍，它们会组成一套敏捷训练课程。这些器材如下：

■ 跳杆（高度取决于狗的体型）

■ 跳远

■ 穿插

■ A字架

■ 独木桥

■ 跷跷板

■ 轮胎

■ 隧道

■ 隧道

一旦你和你的狗学会使用这些障碍物，就会有人教你把它们拼接成一套课程，参加比赛，当然是在你愿意的情况下。即便你没有任何野心去竞争，你也可以在这些课程里找到大量的乐趣。大多数课程包含了整套的表演，意味着上完一套课程会获得奖励。不管你选择训练哪种敏捷技巧，你和你的狗都在一起做着有趣的事儿，让你们俩的联系更加紧密。

通过使用敏捷技巧，你甚至可以学会一套全新的技能。

现在轮到你了

这一部分包含的内容只是冰山一角。狗可以学习的技巧是没有限制的，你们可以一起在这些活动里寻找到乐趣。我们想养一只狗，是因为我们想和人类最好的朋友分享我们的人生。和你最好的朋友一起生活，还有什么比发现一个全新的狗狗世界更好的呢？

再次强调，乐趣至上。

很多人认为驯犬是颇有难度的一件事，但真相并非如此。本书内容深入浅出、切合实际、轻松活泼的文字结合大量的精美图片，帮助宠物犬爱好者挑选出最完美的伴侣犬。同时，本书以步骤式的讲解向宠物犬爱好者展示了驯犬的基本规则、技术和技巧，使你拥有一只训练有素、行为得体、高度社会化的伴侣犬成为现实。

祝广大宠物犬爱好者，早日成为高级"铲屎官"。

图书在版编目（CIP）数据

宠物犬驯养手册：与汪星人一同成长 /（英）卡洛琳·门蒂思（Carolyn Menteith）著；唐舒芳译. — 北京：机械工业出版社，2018.9
书名原文：Dog Manual: The complete step-by-step guide to understanding and caring for your dog
ISBN 978-7-111-60313-9

Ⅰ.①宠… Ⅱ.①卡… ②唐… Ⅲ.①犬 – 驯养 – 手册 Ⅳ.①S829.2-62

中国版本图书馆CIP数据核字（2018）第138525号

机械工业出版社（北京市百万庄大街22号　邮政编码100037）
策划编辑：张　建　　　　责任编辑：张　建　高　伟
责任校对：黄兴伟　王明欣　责任印制：张　博
北京尚唐印刷包装有限公司印刷

2018年9月第1版·第1次印刷
180mm×239mm·9印张·192千字
标准书号：ISBN 978-7-111-60313-9
定价：59.80元

凡购本书，如有缺页、倒页、脱页，由本社发行部调换
电话服务　　　　　　　　　　网络服务
服务咨询热线：010-88361066　机工官网：www.cmpbook.com
读者购书热线：010-68326294　机工官博：weibo.com/cmp1952
　　　　　　　010-88379203　金　书　网：www.golden-book.com
封面无防伪标均为盗版　　教育服务网：www.cmpedu.com